可变思考：数学与创造性思维

[日] 广中平祐 ——著

佟凡 ——译

人民邮电出版社
北京

图书在版编目（CIP）数据

可变思考：数学与创造性思维／（日）广中平祐著；佟凡译． -- 北京：人民邮电出版社，2025． --（图灵新知）． -- ISBN 978-7-115-65239-3

Ⅰ．O1-0

中国国家版本馆CIP数据核字第2024YB1432号

内 容 提 要

本书为日本数学家、菲尔兹奖得主广中平祐先生的思想文集。书中以"创造性思维"为线索，讲述了作者在数学研究中总结出的思考模式——"可变思考"，并在问题的发现、提出、整理、转换等方面做了具体阐述，让读者了解数学家独特的多维度思考方法。同时，本书还对日本数学教育中的问题做了分析，提出了学校教育、亲子教育中培养创造性思维的原则与方法。本书是广中平祐先生对自己研究方法的系统性总结，是了解其思想及日本数学研究方法的珍贵资料。本书适合与数学相关的学生、教师、研究者阅读参考，也可以作为研究"创造性思维"的读物。

◆ 著   ［日］广中平祐

译   佟   凡

责任编辑 戴   童

责任印制 胡   南

◆ 人民邮电出版社出版发行   北京市丰台区成寿寺路11号

邮编 100164   电子邮件 315@ptpress.com.cn

网址 https://www.ptpress.com.cn

优奇仕印刷河北有限公司印刷

◆ 开本：880×1230   1/32

印张：6.625   2025年2月第1版

字数：117千字   2025年3月河北第4次印刷

著作权合同登记号   图字：01-2024-1508号

定价：59.80元

读者服务热线：(010)84084456-6009   印装质量热线：(010)81055316

反盗版热线：(010)81055315

前　言

在本书中，我将为大家介绍数学领域中"对事物的看法"和"思考方法"，并以日常生活为例，尝试通俗地解释这些看法和思考方法，以及在应对社会和个人的各种问题时如何应用它们。另外，本书完全不会堆砌公式，请大家放心阅读。

我在美国生活过很长时间，因此自然而然地形成了从外部看待日本的习惯。神奇的是，我能清楚地看到身在日本时没有注意到的日本的缺点，当然也能深刻地理解日本的优势。

如今，日本在国际上面临的典型问题是经济摩擦，但无论是经济纠纷、国防问题还是思想和技术问题，可以说日本停滞不前的根本原因都在于日本人对事物的看法和思考方法存在局限性。

因此，要想在今后培养出真正的创造性人才，在国际环境中继续发展，日本需要具备什么样的思考方法，需要如何看待事物呢？

日本及日本人必须认识到的是，如今作为常识的通用价值观在今后并不会一直通用。世界无时无刻不在发生着巨大的变化，技术进步和思想体系的变化尤为显著，举例来说，用同一套思想体系解释一切，或者崇拜特定英雄的一元价值观正在不断瓦解。

全世界都在发生变化，变得越来越多样化。在如今的状况下，如果想从事具有创造性、有价值、有意义的工作，就必须接纳与自己不同的生活方式、思想，有时还需要接纳相互矛盾的内容。

既然一切都在发生变化，那么应对变化的方法并不困难，只要顺水推舟就好。但是在现代社会，同一条河中也会存在相逆的水流，会存在旋涡。我们不能排斥与以往的常识相互矛盾的观点，而且还必须拥有能够利用这些观点的视角。

为了在当今时代培养创造性思维，我提出了"可变思考"的方法。

大家可能在"可变翼"这个词中听过"可变"这种说法。可变翼是为了让战斗机能顺利应对所有情况而开发出的一种机翼。人类不仅发明了可以自由调整大小、改变角度的可变翼，最近还开发出了可变气缸发动机及船用可变螺距螺旋桨。可变气缸发动机能够在车辆于平地上行驶时关闭发动机的部分气缸，在需要用较大马力起步、加速和爬坡时则打开所有气缸。

其实，"可变"这一构想源于数学中的"独立变量"及"维度"的概念。不断变换立场，寻找更高维度的解决方法，这种态度便是数学中的"创造"。推进这种"创造"活动时，只有"可变思考"

才能保证我们不断前行。

　　一提到数学，人们往往只看到计算、分析等技术层面的内容，从而对数学敬而远之。其实，数学从古希腊时代、文艺复兴之后的近代发展到现代，一直与"对事物的看法"和"思考方法"，也就是思想与哲学互为表里。

　　尤其是在数学的思考方法中，包含着很多帮助我们理解"多样"和"变化"的重要线索。本书将引出这些线索。这些内容并非仅面向数学专业人士，也不只是与技术相关的创意，我将努力使其成为在社会生活、职场甚至教育等领域中都能得以应用之物。

广中平祐

目　录

第 1 章
可变思考带来创造性

"可变性"区分了人类与机器人

人类处于自由状态，不受命令控制

日本是世界排名前列的工业机器人生产国，世界约60%[①]的工业机器人来自日本制造商。但是前些年，日本的工业用机器人曾造成死亡事故，从而引发热议。那次悲惨事故的情况是这样的：受害人把头伸到了机械臂经过的位置，被机械臂直接击中面部后死亡。

人类编写程序后安装在机器人内部，机器人根据指示准确行动。与此同时，机器人绝对不会采取未经指示的行为。

由于机器人的动作只有"运行"和"停止"两种，因此当有人不小心把头伸到接受过"运行"指示的机械臂前时，就算人的颧骨被打穿，机器人在进入"停止"程序之前依然会继续运行。

与此相对，人类则处于"自由"状态，可以不受"运行"和"停止"的指令控制。因此哪怕在全力操作机械臂运转的过程中，只要机械臂的动作路径中突然出现另一个人的头，操作者也能根据自己的判断和意志行动，减小机械臂的力量或改变其方向。也

---

① 本书初版完稿于1982年，书中数据均为当时的数据。——编者注

就是说，人类行为具有"可变性"。

这里的"可变"，正是区分人类和机器人的决定性因素。

机器人造成的事故，与人被卷入传送带，由于机器没有停止而死亡的事故在本质上没有太大差别。尽管如此，机器人造成的事故依然引发了热议，我认为原因或许在于这起事故让人们重新认识到机器人是"机器"。

日本的工厂会将机器人拟人化，比如给它们起"百惠""九美子"之类的昵称，新配备的机器人会和新员工一样有任命书。对于引入机器人，日本的资本家和工人目前之所以不像欧美国家那样有抵触情绪，原因之一就是工人把机器人当作自己的伙伴。

"机器人造成死亡事故"这个冰冷残酷的事实，让把机器人当成伙伴的人们明白了它终究只是按照指示运转的"机器"。就像动物园里被孩子们当成温柔的伙伴的大象，在大象粗暴地踩踏饲养员后，孩子们才想起来大象原本是丛林中的猛兽。

自由意志和可变行为

接下来，我将试着讨论人之所以为人的条件，或者说是人具有创造力的条件，即"可变"究竟是什么，"自由"究竟是什么。

在我提到"可变"时，本质上对应的是数学中的"变量"。

请大家回忆高中数学课上学过的变量，变量通常设为 x、y 等代表数的字母，可以取各种各样的值，与只能为一个值的"常量"性质相反。

因此，如果将数学领域中的"可变"（变量）构想应用到更广阔的领域，那么就可以为"自由变化"与"自由状态"提供"可变"这一保证条件。甚至可以说，所谓自由思考，就是能够实施"可变"的行动。

让我们再来看看"变量"与思考、行动之间可能存在的关系。"变量"中有"独立变量"（自变量）的概念，它与"孤立"的意思完全相反。一般情况下，独立是指"不依靠其他因素，不受其他因素约束和支配"，而孤立是指"①得不到帮助，只能自食其力；②没有对立面"（参见日本的《岩波国语辞典》）。尽管这两个概念并非完全对立，不过在数学领域则表示完全相反的含义。

也就是说，独立变量是指可以自由赋予任何值的变量，既不会影响其他变量，也不受其他变量的影响。而数学领域的孤立指的是严格受到条件制约，无法摆脱条件限制的状态。

因此本书中的可变是指自由度高的独立变量。由于独立变量不受其他条件约束，因此我们可以同时考虑多个不同变量，这就是多维度的思考方法。

以交通工具为例来解释这件事，就比较浅显易懂了。

首先是火车。因为火车沿轨道运行，所以只能前进、后退或停止，它属于一维交通工具。

在其基础上，加上前后左右的移动方式，就变成了二维世界，这就是汽车、自行车等交通工具的移动方式。如果前方有一块大石头，二维交通工具就可以通过左右移动来避开；如果道路拥堵，二维交通工具还可以绕路而行。

尽管"越轨"这个贬义词指不端行为，但它在数学领域中则意味着"多维"。举例来说，东京在用现在的公交车取代都电（东京都电车的简称）轨道电车的过程中，曾经有一段使用无轨电车的时期。无轨电车和都电一样，需要通过触电杆连接空中的电线获取动力，不过它没有轨道。

在前后左右移动的基础上再加入上下移动，二维就变成了三维。这相当于交通系统中的立交桥，它解决了前后移动与左右移动的交通工具在交叉时产生的矛盾。

平面中前后与左右交叉导致的矛盾，如果想在平面中解决的话，那么可以增加时间维度。

时间差攻击是排球比赛中一种为大家所熟知的战术，在平面道路上，可以利用道口等阻断器强行制造时间差，或者将轨道交叉的位置设计成菱形排布来制造时间差。

无法预测时，可以在思考中增加变量

当然，通过组合时间与立体世界，还可以创造出更多维度的世界。

像这样，增加变量可以让我们解决更加复杂的问题。大家或许会问，这不就是在说不要从单一视角出发，而是要拥有多个观点和视角吗？

但是我希望大家关注的是，观点、视角是抽象模糊的概念，而我所说的可变则是数学领域中的独立变量，由逻辑性思考支撑和证明。

实际上，最近备受关注，在社会科学和企业管理等领域广泛应用的"突变理论"（Catastrophe Theory），笼统来说就是通过增加独立变量得到大量特殊性和不连续性，以此来分析和理解突发局面的思考方法。

突变无法用原理预测，换句话说，这就是预测失效的情况。之后我会详细介绍突变理论的内容、扩展和诞生背景等。

如果不能减少就尝试增加

不要舍弃，尝试继续添加

当你遇到某个复杂问题，因为需要考虑各种无关因素而烦恼时，一种思考方法是"舍弃所有无关因素"。

与此相对，还有一种思考方法是在处理复杂问题时"做加法"。该方法与"增加一个变量，提高一个维度"有共通之处。

举例来说，建高速公路时，两个工程组的意见有冲突，一组要建东西向，一组要建南北向。此时，通过舍弃能解决的问题是消除施工路径中凹凸不平的岩石和丘陵等障碍。这类问题只需要挖走岩石，在丘陵里挖隧道就能解决。

然而，依然会存在通过舍弃无法解决的问题。无论选择什么样的路径，东西向的道路和南北向的道路至少会在一点交叉。解决该问题的方法是建造立交桥。如果仍然在平面上思考该问题，那么不管花多长时间都无法解决，只有加入"上下"这个因素才能想出解决办法。

我凭借"奇点解消"理论获得了菲尔兹奖，使用的方法就是增加新变量（观点）将复杂的问题简化。也就是说，我提出的理论是，复杂的现象其实是简单现象的投影。突出、不连续的奇点，怪异复杂的图形，其实都是由极其普通的物体投下的影子重合而成的。

复杂事物是简单事物投下的影子

用数学领域的说法来说，解消奇点，只需要增加参数就好。在我的理论中，要想解消 n 维奇点，只需要在原本的维度中增加 $n+1$ 个新参数即可。

参数是有刻度的独立变量，增加参数可以说就是增加变量。参数之所以叫作参数，是因为这不仅强调了它拥有变量的自由度，还强调了它可以作为刻度来衡量的一面。

现在，让我们从相反的角度看一看我经常使用的立交桥例子。高速公路在地面上投下影子就会形成交叉点（奇点），然而实际上道路并不交叉。那是忽视"上下"这个参数后导致的奇点，只要增加上下视角，看清道路真实的样子就能解消奇点。

再举一个例子，如果非要将一栋二层的房子画在一张平面图上，而一楼和二楼的洗手间位置又相同的话，那么在平面图上就只能看见一个洗手间。不过，在增加了高度这个参数的侧面图上，就能清楚地看到两个洗手间了。

乍一看不合理或没有逻辑的事情，很多时候是因为我们自顾自地看漏了某些因素。比如完全不考虑对方的处境，认为自己全心全意为对方着想，结果却落得糟糕的下场——这在你自己的角度来看似乎不合理，但是在充分了解你和对方的第三者眼中，这或许是非常自然的结果。

当突变发生时，有一种思考方法，即假设突变发生在一个能够用因果律解释全部事情（突变带来的问题）的世界中，它投下的"影子"就是现实中实际出现的问题。当然，也有一种立场认为，确实可以认为我们生活在复杂投影之中，但仅仅假设投影的本体存在，单纯去思考那个本体，并不能解决现实中的问题。

然而哪怕是坚持现实就是现实的人，一旦失去了构成人类本质的"自由精神"，也会立刻陷入自己勒住自己脖子的困境。能够从容地重新思考以下问题，是非常重要的。

1. 是否是突变理论引发了新的突变，让问题越来越严重？

2. 是否问题并不是真的突变，在更高维度中有完美的解决方法，只是自己不小心看漏了？

3. 就算真的出现了现实中无法避免的突变，只要能够了解形成影子的本体，就可以深入理解，巧妙地应对该问题，而自己是否破坏了这种可能性？

4. 重新从更高维度的视角看待现实中的突变，或许能够意外找到某种方法，去充分利用造成突变的推动力，而自己是否看漏了这种方法？

面对困难的问题，当做减法无法解决问题时，或许可以通过增加一个参数，让我们原本认为没用的方法变得有用，避免我们原本认为无法避免的冲突。

陶氏化学将负参数转换为正参数

假设一个项目的经营走进了死胡同，经营者进行了降成本等各种合理化的尝试后依然无法打开局面。此时，就可以从完全不同的角度出发，比如将项目的一部分合并到相关领域，或者打出解决国际问题的王牌，一举解决问题。

关于这一点，有一个有趣的例子。美国的陶氏化学是著名的国际大公司，在世界各地都拥有工厂。20世纪50年代，陶氏化学的一家建在山村河边的化学工厂与周围居民之间发生了关于污染公害的纠纷。因为周围的居民多是农民，所以对公害问题尤为敏感，坚持对工厂问责。于是，陶氏化学认为只能搬迁甚至关停工厂了。也就是说，他们解决问题的思路是做减法。

但是工厂厂长提出："如果工厂真的造成了公害，那么我们就有了充足的公害研究资料，可以成立一个研究公害的部门。"也就是说，他想到的解决方法是做加法。

最终，厂长的建议被采纳，陶氏化学开发出了各种各样的公害解决方案。

之后，从 20 世纪 60 年代到 70 年代，公害问题一跃成为所有发达国家关注的问题。与此同时，美国的经济出现了一些问题，整个化工产业面临危机。经济不景气加上公害问题，美国的化工产业陷入了被两面夹击的局面。

这时，陶氏化学的那家山村工厂所开发的公害解决方案在各个方面都处于领先地位，因此这家工厂的利润大幅提高。

美国报纸铺天盖地地报道了这次通过"增加新参数"的方法带来的成功，但是在工厂厂长看来，这不过是理所当然的想法罢了。既然自家工厂造成了公害，就不会缺少实验材料。既然不需要另行购买研究资料，就正适合研究。而且陶氏化学的管理层也敏锐地抓住了时代的动向，认为自己的工厂遇到的公害问题一定会波及其他工厂、公司和整个产业，于是采纳了厂长的建议。

有效选择参数

增加参数、提高维度就是对这种思路的补充。如果陶氏化学没有提高维度，而是消极处理问题的话，就不得不绞尽脑汁思考如何对周围的居民解释、如何撤离工厂，甚至如何隐瞒公害。一旦最终暴露，说不定会由于造成公害和隐瞒事实面对双重罚款，而且隐瞒公害会导致员工无法专心从事原本的工作。

所以这位厂长认为公害本身同样是化工公司需要处理的问题之一，也就是说，他扩大了"化工"的含义。可以说他的思路非常灵活，想到了既然化工会造成化学公害，那么或许同样可以消除化学公害。

但是，尽管都是增加参数，但增加参数的方法要多少有多少，所以会出现技术问题。

问题在于选择如何增加、增加什么。没有用的参数无论增加多少都派不上用场，必须增加最有效的参数，只有增加能够切实解决问题的参数才有意义。

以陶氏化学为例，就算他们要采取消极对策，依然需要雇用处理居民投诉的人员，并培训新雇员，为了隐瞒公害还要大费周章，如建立新部门以防止大众媒体报道污染问题等，这些都是需要增加的参数。然而从结果来看，这些参数只能造成负面效果，无法产生积极作用。

因此，影响最终结果的关键因素是增加什么参数，绝不是只要增加参数就能让情况好转。

"自由"保证"可变"

紧张时的自由有意义

对于"可变"的解释，让我们再次回到机器人的例子。随着计算机技术的发展，机器人越来越灵敏、精密，能够应对变化较多的状况，掌握了近似于人类的表情和动作。毕竟相比于机器来说，机器人最大的特点就是自由度高。

然而，机器人运行的自由度和人类的自由度，依然存在决定性的差异。人类有无限的自由度和可变性，而机器人归根到底要受到人类制定的程序的限制。

为了充分发挥无限的可变性，我们人类应当拥有"自由"的精神，并重视"自由"的时间。

举一个我们身边常见的例子，父母常常说孩子在发呆："你在发什么呆？要学习就去学习，要玩就去玩，没事就赶紧去睡觉。"

我反对这种说法。发呆反而证明了孩子不是机器人。只会往返于学校、补习班、家庭之间，除了活动就是完全静止状态的孩子，就会像机器人一样，让人觉得有些不舒服。

虽然总是在发呆的话确实不好，但是人类的直觉和所谓灵光一闪，最容易出现在发呆这种"自由"状态下。

有时坐在桌子前面拼命思考也无法解决的问题，在放弃思考出门散步时突然有了灵感；有时在入学考试等考场上紧张地思考却解不出来的题目，会在考试结束后走出考场时突然想明白。

这是因为人类处于"自由"状态时，情绪的"可变性"会骤然提升。虽说如此，但我希望大家不要误解。在日常执着（紧张）状态下的"自由"，才有重要的意义。如果你总是处于放松状态，那么即使在自由状态下也很难想出不错的点子。

所以不能一味指责母亲反复督促孩子"学习怎么样？作业写了吗？"是没有意义的。督促是为了让自由真正成为自由。

牛顿因为看到苹果从树上落下发现了万有引力定律，不用多说，他一定在此之前已经积累了相当多的思考和计算。这份执着让他在出门散步时看到苹果树后，进入了"自由"状态，从而获得飞跃性的"发现"。

也就是说，"可变"包含执着和自由，没有执着精神的人不具备可变性，就像不会写楷书的人不可能突然写好草书。

只有具备"越轨"能力，在该执着的时候执着，在自由的时候彻底放松，才能做到可变。

完全相反的思路创造能量

刚才我提到自由的思考让可变行动成为可能，当将"可变"付诸行动时，也就是说当可变有动力、有能量时，还需要"落差"作为能量源。在出现完全相反的意见时，落差将达到最大。如果一个人在遇到反对意见时没有产生好奇心，不觉得有趣，就可以说这个人缺乏可变能量。

我在大学教授会上经常被别人说："你反而把问题变复杂了。"

但是，"不可能""正是如此"之类的判断不会让讨论变得激烈，最终也无法得出有深度的结论。

我在前文中经常提到转换思维，这是可变的方法之一——how to（怎么做）的一种。当出现问题时，可以首先试着想一想"为什么无法改变"。如果产生偏见、陷入迷宫之后依然固执，就会看不到其他可能性。因此遇到这种情况时，可以"不考虑道理，先找一找完全相反的思路"，这是一种方法论。

这样一来或许可以发现不同的观点，也就是变数，看清偏见，不再执着于偏见。

重要的是"拥有众多可能性"，但这种说法太抽象，方便起见，让我们换一种说法——转换思维，"想一想相反的情况"。这是打破僵局的有效方法。

"顺其自然"的想法同样有效

另外，"自由"思考的另一个方法是"顺其自然"——Que Sera, Sera（该来的总会来）的心态有时也会非常有效。

在商业世界中，人们大部分情况下需要像机器人一样按计划行事，例如投资、放弃投资、卖出、暂时收手等，但是当做了一切努力之后依然事与愿违时，重要的就是顺其自然，轻松看待。

如果不懂得让情绪转换到自由状态，在到处碰壁的困难时期，人们大多会提前陷入困境，落得走投无路的下场。

我以前看丹尼·凯耶的电影时，一段情节给我留下了深刻的印象。丹尼·凯耶饰演的角色是一位军中的文职人员，他的搭档是一位威严的将军，战败后两人四处逃亡。这对组合非常有趣，无论遇到什么事情，自信满满的将军都会立刻做出决定，简直就像机器人一样令行禁止，他嘴上经常挂着"向我心中的教堂发誓"，表现出一副充满自信、人格高尚的样子。

而丹尼·凯耶遇事往往犹豫不决，态度灵活。他的口头禅是"我妈妈总是说，任何时候都会有两种可能"，也就是可能顺利，也可能不顺利。然而最终顺利克服危机的往往是丹尼·凯耶。

音乐剧《屋顶上的小提琴手》中也有一句台词"on the other hand"（另一方面）常常在独白中出现，我认为这句台词贴切地表现出灵活的态度，如果事情总是不能如愿，那么应该还有不同的做法。

《屋顶上的小提琴手》中，农夫特伊的三女儿和一位俄国士兵结婚后祈求他原谅时，这位睿智的父亲嘟囔着："另一方面，不，没什么另一方面。"他很清楚反对女儿结婚和自己对女儿的爱不是同一个维度的情感。

日本应使用独有的变数与世界沟通

在东方人的待人处事中，顺势而为的达观态度，深入观察、充分利用时势的思维方式占据相当大的比重。可以说，东方人很擅长讲究时机。

我常常在想，如果日本将这种具有东方特色的思维方式用在国际外交中，情况会怎么样。

自由简单来说就是"什么都不做的状态"，不是动也不是静，没有任何执念。

如果能巧妙利用这种自由状态就好了。现在的日本会在出事后急忙处理，在我的想象中，只要不犯严重错误，那么再过二十年，日本确实能确立自己的外交技巧。

然而，日本要想确立新的外交技巧，就必须摆脱传统方式。

我希望日本的外交能够在充分理解和掌握欧美人待人处世的方式的基础上，确立有日本特色的应对方式——"高维度的自由"思维，即基于拥有众多独立变量的可变思维的外交形式。

然而现在的日本外交中存在大量"暧昧的自由"，给外国人留下了无法理解、无法信任的印象。在国防问题方面，也给外国人留下了去美国说的话和回到日本后说的话完全不同的印象。

这同样是因为日本人没有掌握欧美的外交技巧。在交涉时，只有充分了解欧美的特点，加入日本自己的新要素，才能与对方达成相互理解。

低维度思考只考虑自己的变量

尼克松出其不意地宣布美国和中国建立外交关系时，日本的报纸上出现了"越顶外交"①的说法。这种认为被美国"背叛"、倾诉怨气的想法属于低维度思考。

在国际外交的舞台上，每个国家都拥有大量变量。虽说事出突然、出乎意料，但无视对方的变量，做判断时只考虑日本自身的变量，这种惊讶的反应依然是愚蠢的，和某些人啜泣着抱怨

---

① 越顶外交：20 世纪 70 年代，美国政府绕过日本，直接与中国建交，日本称美国的这一外交举动为"越顶外交"。

"我明明那么喜欢他，他却没有邀请我，而是和别人一起去了宝冢大剧场"处于同一水平。

虽说日本的外交技巧尚且幼稚，不过依然具备东方高度自由的特点，因此一旦能够将其切实应用在外交思维和技巧中，并且逐渐发展成熟，应该能够创造出独特的外交技巧。

回想大国间的军备竞赛，我会怀疑那真的是"人类"做出的事情吗？当时人们简直就像机器人一样，只知道"运行"和"停止"这两种行为方式。

如果日本能够更加成熟，充分发挥人类的智慧，或许可以摆脱没有意义的军备竞赛，我对此心存希望。

总而言之，"自由意志"赋予了人类与机器人的根本差异，这是一种了不起的特质，希望我们人类能更加重视它、享受它。

"自由" + "智慧" 孕育创造

对于缺乏智慧的人来说，自由是拷问

我在前文中已经说过，有创造力的人获得意料之外的灵感时，往往处于非常自由的状态。自由带来可变，从而提高创造力。这一过程中的另一个要素是聪明，即具备智慧（Wisdom）。

对于缺乏智慧的人来说，自由相当于无法忍耐的拷问。举例来说，为什么人在独自身处黑暗中时精神会受到干扰呢？如果目能视物，那么既可以选择前进的方向也可以选择停在原地，然而在一片黑暗中一动不动时，所有方向都一样广阔，人将处于彻底的自由之中，于是不知道该如何是好，思维混乱，最终陷入精神错乱的状态。"小人闲居为不善"这句话同样指出了智慧的问题。

简单解释一下智慧这个词，它是广度（知识）、深度（思考能力）、强度（判断力）等综合而成的多面体。要想独自享受思想实验的乐趣，需要具备丰富的知识和深入思考的能力，还需要对思考结果进行取舍的判断力，并且能够将思考的焦点转化为特定行为。普通人的智慧需要在"受到制约，产生反抗，然后克服

外在制约和内在反抗"这种过程中逐渐成长。将尚且缺乏智慧的孩子放在绝对自由的环境中，相当于拷问孩子的灵魂。

相反，哪怕是拥有智慧的人，也无法在完全不自由的地方发挥创造性。举例来说，在欧洲中世纪那样教会拥有绝对权威，教育、政治甚至科学都受到统治的状态下，由于人们缺乏自由，因此就算是睿智的人，也无法发挥出身处文艺复兴时代的人那样充沛的创造力。

因此，创造力需要同时兼具自由和智慧。

自由与灵活性一脉相承，我在日本人和美国人灵活性的差异中发现了一件有趣的事。

决定前的固执与决定后的灵活

抱歉，我又要以大学教授会为例来说明这件有趣的事。在哈佛大学讨论问题时，大家得出结论前后的灵活性与日本人截然不同。

美国人在按照少数服从多数的原则得出结论之前，有缺乏灵活性、不成熟的一面。他们一旦提出自己的意见，就会坚持到底、一步不让，可是在最终得出结论后，他们又会突然开始表现出灵活性。这也许是一种体育精神，赢了就是赢了，输了就是输了，双方都心服口服，于是开始表现出人类原有的灵活性。也许这就是美国人的原则吧。

而在日本的大学教授会上，大家在明确表达自己的意见，或者得出整体结论前，会充分发挥灵活性，考虑到各种可能性，考虑到对方的立场，发言留有余地。可是在通过投票等方式得出结果后，日本人依然不会立刻转变自己的想法，而是坚持自己的意见，需要花些时间才能让所有人达成共识。

因此，适合日本的方法是"直到最后都不要做决定，而是等待事情在不知不觉中自然得出结论"。这样一来就能从头到尾充分发挥日本人特有的灵活性。

而在美国，"暂且定好需要决定的事情，之后再根据情况进行调整"的方法更有效。这是因为，做出决定后，美国人会展现出与之前坚持自我主张的态度完全不同的灵活性，充分站在对方的角度思考。

下面让我们想一想自由。历史学家约翰·赫伊津哈曾经提出"游戏的人"的概念，认为"人类原本应该处于绝对自由的状态，游戏性是一切生命活动的源泉"。这种游戏精神能够为各种各样的情况赋予创造性。

如今，人们重视研究开发和创造性，越来越认识到基础研究的重要性，而基础研究恰恰与这种游戏精神关系紧密。

如果忘记了游戏精神，人就无法进行创造性的活动

用一句话来说，基础研究分为两种："纯粹基础研究"和"目的基础研究"。

纯粹基础研究的目的是学问本身，当下并没有明确的生产目的。比如因为霉菌的生态好像很有意思，所以要研究它。一方面，纯粹基础研究需要一些非常优秀的研究者富有牺牲精神的努力，以及先期经济投资。另一方面，纯粹基础研究可以说是一种相当优雅的研究，是一种高级游戏。正因为它是游戏，所以有可能孕育出伟大的成果，比如发现研究时想象不到的青霉素。当然，纯粹基础研究并非总能得到伟大的发现，反而是空手而归的情况更多。可是伟大的发明与发现在任何情况下都具备意外性，所以需要更多的先期投资，需要允许意外发生。

遗憾的是，日本目前还没有这么多资金来支持纯粹基础研究，所以还停留在以实用性为重点的目的基础研究领域。举例来说，现在需要解决的问题是"节能"，所以要回到对能源的基础研究上，迅速得出成果。另外，提出了"限制汽车尾气排放"问题的是美国，而日本立刻拿出了解决该问题的先进技术。

在"半导体"研究方面，美国在前期浪费了大量时间和精力进行研究，日本在后期做出了巨大贡献，但如果说前期有 100 种可能性，那么其中实际发挥作用的只有 15 种左右，剩下的 85 种可能性都是无用的，而且要证明它们无用，还需要花费大量研究资金。后期在排除了大部分无用功之后开始研究，效率自然会大幅提高，这让日本不由自主地对美国感到愧疚。

话题扯远了，无论是 IBM 事件，还是以前的纤维问题、汽车问题，可以说日美贸易摩擦的本质在于日本人是后来加入的，只会占便宜，伤害了美国人的感情。

无用功多的纯粹基础研究更有人性

由于纯粹基础研究中有很多无用功，所以没有余力就做不了，正因为如此，它才是游戏的精髓。它不是为达目的，出于职业和义务去做的事情，而是因为有趣才进行的研究，可以说这种态度源自人类内心最深处的欲望。

举一个典型的数学家例子。美国在战时研究弹道计算，即如何准确命中看不见的敌人。导弹之类的弹头速度快，而且地球是圆的，不能在平面上计算弹道，只有在球面上计算才能命中目标。

然而有一位数学家提出："只在球面上计算弹道，在数学层面上没意思。假设地球是甜甜圈形状来计算的话，能够发明更有趣的数学理论。"而且他真的发明出了这项理论。因为是纯粹的游戏，所以他并不在意该理论是否能在现实中派上用场，只是因为有趣才积极推进理论的发展。

假设地球是甜甜圈形状并进行计算，对于达到眼前让弹头命中目标的目的完全没有帮助，但是在数学层面，则可以帮助数学家非常深入地理解甜甜圈形和球形的区别。

哪怕是乍一看没有意义的游戏，如果能加深人们对基础学问层面的理解程度，就不能断言一定没用。用甜甜圈形状的地球模型进行弹道计算，尽管不能直接对火箭研究起到帮助，但是毫不夸张地说，美国国家航空航天局（简称 NASA）的宇宙开发就建立在这些大量的"无用功"上。

孩子能够充分利用与生俱来的天赋，其中蕴含着大量游戏精神，从而具有无限可能。长大成人后，忘记了游戏精神的人类却无法继续做出富有创造性的行为。

与计算机相比，人类的伟大之处在于能够不断记忆、不断忘记。人在读过书之后也不会记住所有细节，这相当于一种游戏。但是什么都没有记与记住后忘记有本质差别，就算忘记了故事梗概，书中的内容也能增加我们的智慧，也就是像一张编织知识的大网一样，在人的内心逐渐积攒起来。这就是游戏的作用。

冰山沉在海面之下的部分，其体积是海面之上的数十倍，正是海面之下的部分产生了浮力，让冰山顶部出现在外界眼中。

支撑人类思考和行为的智慧恐怕就像冰山一样，以看不见的形式不断累积，拥有的浮力（累积量）的大小决定了人类的伟大或渺小。

人类的智慧是在重复记忆和忘记这项游戏的过程中被创造出来的。

有智慧的人在紧张之后进入自由状态，就能发挥出意想不到的创造力。

忘记带来"自由"，孕育创造

当局者迷，旁观者清

关于我解决的"奇点解消"问题，我在哈佛大学师从的数学家扎里斯基努力了十年，发现了各种各样的解决方法。他对这个问题的贡献，比在他之前的任何一位数学家都多。尽管他有出色的才能，付出了超过常人的努力，最终依然没能想到可以将"奇点解消"的方法继续普及，应用在更广阔的领域。

可以说这就是开拓者的局限，开拓者会不自觉地对自己花费多年完成的理论工具产生感情，因为他们很清楚理论工具的效果，所以无法轻易放弃任何一部分，而是会珍惜地抱在怀里，认为其总有一天能派上用场。这时，他们就陷入了当局者迷的境地。

如果希望自己创造的理论工具有飞跃性的发展，就必须交给下一代研究者。下一代研究者记不住理论构造的每一个细节，只能从客观抽象的角度看待，因此反而能自由取舍。就连开拓者不忍心放弃的部分，下一代研究者也能根据非常自由的见解干脆地舍弃，于是产生出意料之外的发展。

数学家有各种各样的类型，有的人会认真记录、整理所有内容，有的人则粗枝大叶一些。如果要归类，那么我属于后者，不过我也认为记笔记是一件好事，是知识生产的一项技术。

对我来说，记笔记的好处在于记下之后就能安心忘记，所以甚至可以说我记笔记就是为了忘记。如果不记笔记，想到的事情就会一直留在大脑的角落，妨碍我思考问题，所以我会为了能安心舍弃而记笔记。

笔记一般是我在突然产生灵感的时候留下的内容，不过对我来说，这样轻易冒出的想法真正派上用场的情况非常少。

忘记之所以格外重要，是由于想要记住的念头会束缚大脑的自由度。通过记笔记，我们可以在留下印象后忘记。下一次再冒出同样的念头时，我们的想法就会有相当大的进展。

为了安心忘记而记笔记

举例来说，高斯在 20 多岁时证明了"方程的根的存在性"。他拥有非凡的记忆力，看到任何数字都能立刻完成因数分解，但是上了年纪之后，大脑的自由度也会逐渐降低。

有这样一个故事。挪威数学家阿贝尔在 20 多岁的时候给晚年的高斯写了一封信，信上说"我证明了五次方程没有求根公式"。这是第一次出现证明"方程式有根却不存在求根公式"的论文，是一项划时代的发现，对后世代数数论的发展起到了巨大的推动作用，是不可或缺的基石。

然而高斯并没有理解这篇论文的意义，认为存在的事物不可能写不出来，最终没有采纳阿贝尔的论文。这件事情说明哪怕是优秀的学者，在上了年纪后，大脑的自由度也会逐渐降低。

德国数学家希尔伯特提出了希尔伯特空间理论和无限维度空间理论，对数学分析的发展做出了贡献。据说，希尔伯特和高斯相反，是一个忘性很大的人。他只要记过笔记，就能安心地立刻忘记。他把房子四周的墙壁都做成了黑板，在院子里散步时会不断写下脑子里冒出的想法。下雨后笔记会全部消失，但他完全不在乎。

就连自己的发现也可以忘记的自由

一次，有人问了希尔伯特一个问题，他很激动地说："这真的是一个有趣的问题。"一周后，他再次见到那个人时问他："上一次你提出了一个很有趣的问题，是什么问题来着？"那个人又说了一次，希尔伯特依然感慨"真的很有趣"。同样的事情重复了两三次，提问者开始怀疑希尔伯特是不是脑子不好使，结果希尔伯特从他提出的问题出发，延伸出了一项大理论。

如果希尔伯特没有"忘记"这项才能，或许就无法留下具有独创性的工作成果吧。

关于希尔伯特，还有另一个著名的小故事。他是德国哥廷根大学的教授，一次，学校从外面请来的讲师发表演讲，内容是"利用一项定理，发展出更庞大的理论体系"。

希尔伯特听过之后非常佩服，他问那位讲师："你的理论体系很棒，但是更棒的是你一开始用到的定理。那么优秀的定理究竟是谁发现的?"结果那位讲师惊讶地说："希尔伯特先生，就是你啊!"于是希尔伯特放声大笑。

虽然他没有忘记那是一条重要的定理，但是忘记了是谁在什么时候发现的，哪怕发现者是他自己，他也会在不知不觉中忘记。正因为如此，他才能带着平常心投入新工作，永远保持像年轻人一样的热情。

飞跃性的进步和踏实的努力一起带来创造

所以在富有创造性的领域，如果在知识、经验等各种障碍的牵绊下前行，思维的自由度就会受到束缚，失去灵活性，进而缺乏想象力，无法创造出新事物，这对于学者来说可以称为老化。

东京大学的小平邦彦先生指出，数学的历史有两个发展方向，一是在某个时期出现飞跃性的进步，一是踏踏实实坚持带来的进步。我在前文中提到的"创造"，指的是飞跃性的进步。不过，经验丰富、知识渊博的人们通过踏实的努力推动数学的进步当然同样重要，正是不连续和连续这两种进步共同为数学发展做出了贡献。

哪怕回顾一个公司的历史，也会发现，经验丰富、知识渊博的社长和董事提出能带来飞跃性发展的灵感的能力或许会逐渐退化，但是他们对公司的稳步发展做出了巨大贡献。公司里有能力强的年轻员工，他们偶尔会提出疯狂的想法，同样会为公司带来飞跃性的发展。但是如果只把公司交给他们，说不定几个月之后就破产了。无论在任何事情上，最不可取的就是一言堂。

大脑同样如此，不去忘记已经记住的事情相当于把自己的能力扯向单一方向，如果持续下去就会形成惯性，导致思考能力失去弹性，最终断掉。

就像肩膀僵硬时需要按摩一样，大脑也需要不断按摩，忘记一些事情，增加灵活性。记住和忘记相当于将能力拉扯又放松，可以让能力变得更有弹性。我认为这就是大脑的构造。

记忆的富余和浪费能拓宽创造的广度

人类的记忆在进行傅里叶变换

人类的记忆与计算机的存储区别在于，人脑在受到冲击时尽管会有一大批脑细胞死亡，但是记忆只会模糊，很少会出现记忆彻底丧失的情况。就算什么都不做，每天也会有相当多的脑细胞死亡，只是一次感冒就会死掉数万个脑细胞，而且脑细胞绝对无法再生。

尽管如此，人脑依然非常发达，通过训练或由于某些契机，还可以重新回忆起一度失去的记忆。

而计算机的存储一旦受损，就永远无法找回受损的部分了。

由于人脑会将一份记忆以各种各样的形式散播在不同的地方，所以就算一个地方的记忆消失，也可以拼合其他地方留下的记忆碎片，努力拼出原本的形状。从这个角度来说，可以说人脑的记忆具备再生能力。

也就是说，就像财产三分法会将财产分别放在不动产、股票和银行存款中一样，人脑对记忆也是分开存放的。如果所有财产都是现金，那么也有被盗的危险，还要承担通货膨胀导致财产贬值的风险。如果把所有财产都放进股票市场，股价上涨时还好，但也不得不一直担心暴跌的危险。

至于不动产，只要有人就需要土地和房屋，增值幅度有望与通货膨胀成正比，财产比较安全，可一旦急需用钱，就有可能被别人抓住弱点压价。

而且房子不能因为你只需要一万日元就只卖出一万日元的部分。于是考虑到各种理财方式的优劣，人们普遍认为把财产分成三份是最好的办法。

也就是说，哪怕一个地方出了问题，另一个地方还是安全的。为了达成某个目的将事物分散，这种思维方式在数学领域叫作"傅里叶变换"。傅里叶是一位数学家的名字，他建立了将复杂对象分散为多个部分来分别进行分析的理论。

事物分散后，就能像人的记忆一样凭感觉被把握，而计算机的存储是完全合乎逻辑的，绝不是凭感觉的。

把复杂的事物分散成单纯的事物

下面，我将对傅里叶变换进行更具体的解释。

举例来说，你现在要提出一个舞台的新方案。观众位于水池四周，池底的装置可以在水面上制造出各种各样的波纹，观众可以一边欣赏可变式灯光和音乐，一边欣赏变化的波纹。

一台装置用来制造平缓的大波纹，另一台装置可以制造出细密的波纹，还有一台装置隔一段时间会制造一次反向的旋涡状波纹。

从观众席上只能看到各种各样的波纹重叠后的形状。

观众看不到每一台装置单独制造出的波纹效果。虽然水池底部的每一项操作都只会在水面上引起相当单纯的变化，不过当所有变化结合在一起时，观众就会看到相当复杂和奇妙的波纹。

可是幕后工作是分散的，有人在后台按动操作按钮，有人调节音乐，有人调节灯光。这些工作就是波纹艺术的"傅里叶变换"。

也就是说，"傅里叶变换"的作用在于通过将复杂事物的构成部分一一分解成单纯的形式，来掌握事物本身的特性。

这还可以用另一个例子解释。假设你将音乐输入计算机。如果不进行傅里叶变换，那么声音就会原封不动地排成一列被计算机存储，存放在多个磁盘中。如果其中一个磁盘烧毁，存在里面的部分音乐就会消失。音乐失去了好几十个小节，自然也就无法完整地播放了。但是由人演奏的管弦乐队就算有一名演奏者突然身体不适无法演奏，音乐也不会戛然而止。或许专家能听出哪里不对，但是在普通观众还没有注意到的时候，就会有其他人补救，让演奏得以继续下去。

也就是说，人的记忆和计算机不同，是经过傅里叶变换后进入大脑的，所以就算缺失了一部分，也几乎不会出现整体感觉完全消失的情况。

余量储备少的人容易受到冲击

计算机和人脑的区别基本上有两点。

第一点，人了解"模棱两可"，而且能熟练运用。换句话说，人能接受"有一定程度偏差的事情"，可以允许一定程度的失控。

大脑的另一项独特之处在于有相当大的余量储备。余量储备多的人并非始终让大脑全速运转，而是只运转一部分，剩下的存起来备用。储备非常大是人脑的特点，所以如果把人比作机器，就是一台浪费了很多性能的机器。

可是现在，越来越多的人逐渐接近机器，变得余量储备少、不留余地。这样的人在意外发生时，更容易受到冲击。一旦结果不如意，他们就会陷入绝望，无法重新思考或考虑其他方法。也就是说，这样的人不可变。

就在不久前，日本有一个孩子想让父母买游戏卡带，父母以打游戏对眼睛不好为由拒绝了，孩子仅仅因为这件事就自杀了。这个孩子的思维就像计算机，一旦想要"游戏卡带"，脑子里就只剩下了能买和不能买这两种选项。当愿望没有实现时，他就感到自己陷入了不幸的深渊。

二选一之间的"模棱两可"很重要

我认为如今之所以会培养出不留余地的机器人，原因之一是非此即彼的考试方式。今天的孩子受计算机式的二选一训练长大，很难形成具备褒义含义的"模棱两可"的思维模式。

如果考试形式是写论文，那么就算题目中有少量不理解的部分，只要考生能结合自己掌握的知识，写出有独特见解的内容，就算不完美，也能得到一些分数。这样的考试会给考生留有余地。

在我参加京都大学的入学考试时，有一道题目是让考生陈述自己对某国际组织的看法。当时我并不太了解都有哪些国家加入了该组织、以什么样的形式加入，不过我至少能够以自己的水平就美国和日本的问题发表看法。

但若是非此即彼的问题，比如"下列国家是否加入了某国际组织"，那么不了解相关知识就无济于事。

非此即彼的考试，并不能检验出人类特有的"利用富余和浪费"的能力。

请大家想象人类的头脑像计算机一样的情况。考试中出现了"请写出所有你能记住的英语单词"的题，而你写出了150个。如果无法想出更多，那么按照计算机的思维，你就会认为"我只记住了150个英语单词"。

但是人类有可能在考试结束后突然想到更多单词，还有可能在听到别人使用单词时，想起自己曾经听到过或记住过这些单词。

人类有大量无法有意提取、埋藏在潜意识中的记忆，正是这份"富余和浪费"，让人们能做出有一定容错量的判断。

第 2 章
用可变思考解决问题

"内心的需求"才是发明之母

人要想完成一件事情，首先要有动机，然后还要经过多个阶段的复杂过程才能最终完成。

鼎鼎大名的爱迪生有一句名言："需求是发明之母。"（Necessity is the mother of invention.）爱迪生既是一名优秀的发明家，又是一名优秀的实业家。如今想来，他决定把纽约作为第一个通电的城市的计划确实非常了不起。

这句话乍一看非常简单，但我认为需要更加深入地分析它的内容。我认为这句话中的"Necessity"兼具"需求"和"渴望"的含义。

那么这里的"需求"和"渴望"是什么意思呢？从空间上来说，"需求"是在判断外部情况，考虑到多名相关人员的意见后推算出的必要性；"渴望"是自内而外涌出的必要性，也就是不考虑道理，只关注自己的感受。如果没有"渴望"这种东西，人就感受不到生存的意义，它是从内心深处涌起的必要性。"渴望"在日文里有"想要欠缺的东西""欲望"等含义。

从时间上来说，"需求"是通过过去学到的知识和经验，以及对现状的分析等推算出的必要性；"渴望"则是自己此时此刻内心中无法忍受，甚至想要喷薄而出的热情，以及对未来的梦想和愿景——由此得出的从现在到未来的必要性。

我认为如果没有这两种动机（必要性），就不会产生真正的"需求"，这就是我对爱迪生这句名言的理解。

做决定时只考虑"需求"会带来挫折

说句题外话，公司的宣传册上经常会出现"要充分把握消费者的需求……"之类的描述，我认为这种表述严格来说并不正确。由于需求主要是根据公司过去在市场上积累的经验知识，以及消费者对现有商品的意见和感想等推测出来的，所以如果只关注这些，公司就会慢人一步。因此我认为如果要写，更准确的表述是"要看透消费者内心的渴望"。

总而言之，无论做什么样的工作，人都要始终同时拥有"渴望"和"需求"。尤其是现在的年轻人，我想向他们强烈呼吁这一点。

在我们准备决定自己的未来时，同样会看到各种各样的信息。在如今这个信息过剩的时代，各方都打着"为不知道如何决定的人好"的大义名号，极尽热情地提供信息。比如"既然你第一次统考的分数这么高，就应该考某所大学的某个系""这个行业将来前景好，所以你最好去那家公司工作"，等等。很多年轻人也会受到信息的影响，只凭外人提供的信息推断出自己的"需求"，决定未来的方向。可是一旦做出决定后又无法以某种方式将从外部需要推断出的"需求"转换成"渴望"，那他们就一定会在某处遇到挫折。至少在我认识的数学家、物理学家里，所有在选择的道路上做出了属于自己的成就的人，一定是根据自己的"渴望"选择前进的道路，并且朝着自己选择的方向前进的人。

要想从积累走到出实绩的一步，必须要有障碍

我最喜欢的数学家之一是法国数学家亨利·庞加莱。他是出生于 19 世纪的数学家，为数学中的拓扑学领域做出了具有革命性的贡献，是一位伟大的数学家。我学得越深入，对他的崇拜越多。庞加莱在他的作品中说，发明和发现的灵感会像蘑菇一样出现。以松蘑为例，首先，土壤中会出现像霉菌一样的菌根，据说它们会呈圆形不断扩散。只要土壤条件合适，菌根就有能力保持原状，一直成长到老化，不需要变成松蘑。但是在夏秋之交季节变化的时候，或者受到赤松的叶子和根部的酸性刺激，或者有树根和石头挡了菌根呈圆形扩散，菌根就会忍受不了，冒出第二种繁殖手段，那就是变成松蘑长出地表，播撒孢子进行繁殖。

庞加莱想说的是，孕育创造需要两个必要条件。第一个条件是在优越的环境中自由伸展，让地面上看不到的菌根充分积蓄成长所需的力量。

这种无法从表面测量的充分积累是必不可少的，而且不能在积蓄力量后就停止，还需要第二个条件，既逆境。体内积聚了力量的事物在遭遇逆境时，能发挥出肉眼可见的能量，这就是实绩。如果说逆境这个词太重，那么还可以换成挫折，或者用佛教中提到的因缘或缘分。比如在异国留学时遇到的文化冲击就是很好的例子。比起在当地学习某些新理论和新技术，留学更大的价值在于文化冲击的能量，这种能量可以将自身的积累转化为实绩。

看着如今的年轻人，我认为在某种程度上，庞加莱口中的积蓄在他们身上或许远比我们多。他们通过各种各样的方法熟练地获取知识和信息，但只通过获取也许能够出现"需求"，却无法激发出"渴望"。那么"渴望"会如何出现呢？

神户大学的桥本教授（僧人、哲学家）曾经说过："西方文明衰落的开始，在于粉饰死亡。"举例来说，当至亲去世时，西方人认为濒死时的痛苦或许会给年幼的孩子的心灵带来巨大的打击，所以绝对不想让孩子们看到他们临死前的样子。孩子们看到的是有鲜花装饰的死者安详长眠的景象。当这项习俗出现后，西方文明就开始逐渐变形，即失去了力量。

对孩子来说，直面至亲的死亡也许在短时间里确实是重大打击，但见证死亡的打击能够成为他们重新思考人类生命的根源，进而强烈地感受到"渴望"的契机。

战争结束前，我工作的工厂曾经遭受轰炸，我有在死人堆里四处逃亡的经历。当时我上初二，那段经历让我深刻地体会到了自己对生命的渴望，深切感受到了生命的宝贵，直到现在依然对我大有助益。

庞加莱说过逆境和障碍对于将积蓄转化为实绩来说必不可少，逆境和障碍正是人类能量的源泉，是创造的源泉。

从这个角度来说，我想为了创造日本的未来，不应该将如今日本面临的难题只留给成年人解决，而是应该告诉更年轻的人们，这是关系到他们自身的问题。如果不能培养出既有"需求"又有"渴望"的年轻人，那么日本迟早有一天会出问题。

没有经历过挫折的人无法变强

徒劳无功孕育应用能力

保护欲越强的母亲，越不希望孩子经历失败和挫折，但是这种做法明显是错误的。

以我们的工作为例，挫折就是在我们深信一种方法是正确的并全力投入研究时，结果却发现它是错误的，而且这种挫折时有发生。在这种不断做无用功的过程中，我们能培养出独特的直觉。考虑到徒劳无功的经验能够孕育出应用能力，那么从长远的目光来看，并不能说这些失败完全徒劳无功。

以身边的例子来看，假设一个日本人去巴黎旅行。一开始，他事先在旅游公司细致地规划了行程：几点到达机场，谁来做翻译，谁来打车，谁来给司机翻译路线，几点几分到达酒店；之后前往卢浮宫，在规定的时间里如何看到更多画作，坐几点的车，几点回到酒店……在决定好一切后出行，应该不会出太多差错。但是如果他完全不做计划就出门，应该会遇到很多小问题。

比如海关的工作人员听不懂他的法语，浪费了好几个小时才找到巴士，等等。

但是当这个日本人下次有机会出国旅行，遇到同样的困难时，上一次的经历就能派上用场，让他不会慌张。

登山同样如此，按照传统路线确实能顺利到达山顶，但登山人却无法充分利用同样的经验挑战其他山峰。

沿着确定的道路不走弯路，安全登顶的人无法掌握应用能力。在同一座山上，按照自己规划的道路爬山，经历过遇到岩壁、绕远路、走错路需要返回等挫折后成功登顶的人，就能掌握窍门，在下一次爬同一座山，甚至条件相似的山时充分运用自己的应用能力。

失败和挫折具有从徒劳无功的经历中培养应用能力的作用。

人类的接受能力能将失败和挫折变成优势

以我自身为例，在努力研究几何学中的"近似理论"的第二年，我遇到了一次重大的打击。

刚开始，我找到了在一维和二维条件下能顺利验证的理论。在哈佛大学的学术组会上发表时，甚至有麻省理工学院的教授夸赞我的理论很美。研究进展顺利，我也很有自信。我想用自己的方法最终解决近似问题，在之后的两年里为此绞尽脑汁。

但是到了三维和四维，当参数越来越多后，我的方法无论如何都行不通了。

无论我付出多少努力，依然到处碰壁，最终我甚至认为这个问题本身就是错误的，开始考虑放弃对它的研究。

就在这时，在某天晚上很晚的时候，哈佛大学教授乔治·泰特打来电话："我妹夫阿廷和你在哈佛大学是同一年级的，现在要去德国。他解开的问题是不是和你正在做的研究有联系？"

我问乔治究竟是怎么解开的，但他说因为不是他自己解开的，所以不太清楚，只知道好像用了"魏尔斯特拉斯定理"。

我刚一听到魏尔斯特拉斯定理，就像一道晨光射入脑海、云开雾散，两年来让我焦头烂额的问题的解决方法清晰地浮现出来，露出全貌。

而且我此前在研究各种问题的过程中用过"魏尔斯特拉斯定理"，都获得了成功。对我来说，它绝对不是一个陌生的定理。我明明那么熟悉它，却没有和当时正在研究的"近似理论"联系在一起。

这同样是因为在最初阶段，我用其他方法进行得非常顺利，而且得到了"很美"的夸赞，于是形成偏见，无法轻易跳出来。

因此当乔治说出"魏尔斯特拉斯定理"时，我受到了非常大的冲击。

迅速忘记的能力很重要

为了散心，我带着孩子们去了波士顿郊外的德科多瓦博物馆。但我只是坐在院子里的一棵大树下发呆，一坐就是好几个小时。回到家后，我依然吃不下饭，脸色也不好，甚至看到食物就想吐。两年的努力全都毁了，我悲观地认为一切都徒劳无功，是彻底的失败。

我原本并不是会因为一次挫折就迟迟走不出来的性格，所以尽管在头两三天里因为失望而食不下咽，但到了第四天就将烦扰抛在脑后了。这种迅速忘记的能力对我来说非常有效，尽管那两年间的挫折感依然是我遇到的最大的打击。

不过，也有人因为一次失败就受打击到精神衰弱的地步。

某位数学家 G 年纪轻轻就成了哈佛大学的讲师，是一位非常优秀的男性，让我自叹不如。

当时，他写了一篇论文，提到自己解决了一项几十年前就存在的重要课题。然而当时有一位学界泰斗，同时也是约翰斯·霍普金斯大学的数学家读过 G 的论文后，严厉地指出了其中的问题，而且那位教授自己还发表论文，解决了 G 的论文中的问题点。那是一位对学术非常严格、能力出众的教授。

年轻数学家 G 深受打击，之后十几年完全无法工作，后来就算自己有了灵感，如果没有合著者也写不出论文。

因此要想将失败和挫折的坏处转换为优势，还需要强大的内心。如果内心不够强大，就会在严格的学术领域被失败打倒，最终自取灭亡。当然，这同样能归结到人的接受能力和从容与否的心态。

不要后悔，要磨炼感知力

绝对不要为自己的行为后悔

挑战发明和发现是一种冒险，就像在危险的深渊边行走，与失败和挫折只有一线之隔。正因为如此，才会出现意想不到的精彩发展。

逆向思维的好处是能够摆脱偏见、发现新事物，而且如果用不完善的方法努力研究，那么失败时会后悔，但是只要进行过充分的研究，就算失败也不会后悔。沉浸在"当时要是那样做就好了……"的懊恼中，为无法挽回的事情而烦恼，甚至忘记了现在应该为下个阶段做些什么，只会在后悔和反省中浪费能量，更加徒劳无功。就算后悔，过去的事实也已经无法改变，就算没办法将失败变成好事，至少不应该做更多徒劳无功的事情来增加损失。这是我的想法。

我认为只要能够接受现状，在最终结算时就会受益。强迫别人反省是日式思维中最无聊的部分。

比起催人反省，我更愿意说："请你以此为契机磨炼感知力，抓住未来吧!"感觉敏锐的人在失败时会感受到强烈的痛苦,因为深切地感受过痛苦,所以会更加注意不再重蹈覆辙。

在反省和后悔上花费时间和精力着实是一件愚蠢的事,更愚蠢的想法是"既然他有反省的意思,就原谅他吧"。反省并不会让事态好转,所以因为对方有反省就原谅是不合理的。

如果是演技好的人,那么他还擅长流泪,装出一副淳朴的样子,让别人酌情轻判。以引发公害问题的管理者为例,如果因为看到报纸上写着"他感到万分抱歉,深深地鞠了一躬",舆论对他们的指责就少一些,这种事情不管怎么想都很奇怪。

与道歉相比,更重要的是在面对自己的疏忽所导致的事故或过失时,加强自己的感知力。极端地说,受到更强烈的指责,感到痛苦才能够磨炼感知力。

假设我是团队负责人,出现了某个过失的话,恐怕我一句话都不会辩解。大家都明白,通过辩解将自己正当化能够让自己轻松,与在别人面前做出流泪反省的样子相比,默默承受责备要痛苦得多。越是痛苦,越能给自己压力,不想再犯同样的错误。可是如果流几滴眼泪,表现出反省的样子就能被轻易原谅的话,人就不会深切感受到失败带来的痛苦,很有可能重蹈覆辙。

我对人生的态度是,绝对不为自己的行为造成的结果而后悔，也就是说，"如果我犯了错，请大家严厉斥责"。因为斥责越严厉，给我留下的印象越深，我就越不会重蹈覆辙。

不要让孩子反省

我认为根据失败和后悔的关系，可以把人分为四个层次。

最糟糕的是对失败和过失没有任何感觉，也不会后悔的人。

在此之上是尽管没有感知力，但至少会后悔的人。

更进一步的是具备感知力，也会后悔的人。

在此之上的，是有感知力且不后悔的人。

我认为，如果说教育有罪恶，那就是"教孩子反省和后悔"。这种说法或许会遭到误解，不过在经历过失败后，能够深刻感受到失败非常重要，而反省是权宜之计，是最消极的情绪，所以教孩子反省是错误的。

孩子们明明那么活泼，可是人为什么越长大越丧气呢？就是因为人长大后不管想到什么，都会立刻反省。

反省是在把自己的能量相互抵消。如果将与生俱来的能量和冒出灵感的能量简单相加，就能像孩子一样生机勃勃，但反省是负能量，会抵消难得冒出的灵感。

教孩子反省和后悔这样的权宜之计，就是在教他们如何抵消能量，最终导致孩子们无法百分百发挥自己的能力。我并不是在提倡放任主义，让孩子随便给别人添麻烦，只顾着去做自己喜欢的事情。严厉地指出失败就是失败，提高孩子对失败的感知力，对孩子是有好处的。面对性质恶劣的恶作剧，父母或老师应该表明"绝对无法原谅"的态度。

另外，让孩子养成反省的习惯相当于教他们撒娇，孩子会以为只要反省就能被原谅。总是犯同样错误的孩子会看母亲的脸色反省。在加法进位问题上反复出错的孩子或许会因为犯错而懊恼，却并不会寻找犯错的原因。

真正勇敢的人应该做自己相信的事情，如果出错，就要接受严厉批评。我认为这样的态度才会孕育出意料之外的、更大的可能性。从失败出发，或许能够孕育出新的创意。

习惯反省的人会变得胆小

很多习惯反省的人面对可能会失败的事情时会变得胆小，总是在面对风险时打退堂鼓。

我认为建议别人反省甚至是在轻视他人，因为劝人反省相当于在说"按照自己的想法去做没有好结果，不如从一开始就不要做出格的事，还能少犯些错"，或者"失败者就是因为对失败缺乏感知力，所以必须开反省会，让他们认识到自己的失败"，或者"失败者要是感知力太强，说不定会陷入自虐，导致自取灭亡。要是能通过反省纾解心情，心理和身体就都不会得病了"。这样的想法不就是在轻视他人吗？更糟糕的态度是通过让对方反省，得到优越感和自我满足。

要求反省的教育是灌输消极态度的教育，可以说是日本自古以来的消极主义的基础。如果统计所有日本国民的情况，那么一定会发现被灌输消极态度教育的人与经历过失败教育的人相比，二者会存在超乎想象的差距。

我自己的人生目标同样无法忍受消极主义，所以我从来不要求自己的孩子和学生反省。

不反省的人或许会经历比别人更多的失败，但是也能切身体会到失败的痛苦。

掌握从事实中发现积极意义的能力

尝试乍一看没有意义的事

我曾经问一位美国优秀技术公司人事科的员工："什么样的员工能获得成功？"他非常果断地回答："能够原原本本接受事实的人最成功。"发生的事情就是发生了，无论你多么慌张，已经发生的事情都无法一笔勾销。煞有介事地评论无法挽回的事情是好是坏，应该怎样或不应该怎样，是遗憾还是应该原谅，对自己来说都是马后炮。

无论是学者还是商务人士，日本的成功人士都是包容的人。在发生一件新的事实时，这类人会好奇地观察。比如当竹笋族^①聚集在东京原宿热舞时，拥有好奇心的人会感觉有趣并前往参观。数量众多的人聚集起来做同一件事的事实会引起他们的兴趣，他们会愉快地思考这件事情能够带来什么可能。他们不一

---

① 竹笋族：20世纪70年代末，迪斯科兴起，日本精力过剩的年轻人没有钱去迪厅跳舞，于是集合起来在东京涩谷区的原宿一带一起跳舞。当时他们喜欢穿原宿一家名为"竹笋"（竹之子）的服装店销售的服饰，这些服饰颜色鲜艳、设计独特，很快便掀起一股潮流。穿着这类服饰跳团体舞的人也被称为竹笋族。

定会将新事物与自己的工作直接联系在一起，并不会把事实当成信息，而是会用自己的眼睛观察，用自己的大脑思考，用自己的内心感受。他们会在接受有偏见的价值判断之前了解事实，扩大内心的自由度和包容度。所以当一件事情发生，自己必须做些什么的时候，他们不会煞有介事地评论，不会犹豫，而是会积极采取行动。

送报纸的少年会为了送早报而来回奔波。送报纸的工作从早上6点开始，别人都在睡觉，送报纸的少年却要分秒必争地工作。在同情他们之前，还可以转换思维，想想他们在送报纸时一边慢跑锻炼，一边能得到工钱，是个一举两得的机会。

奉行奇怪的节能主义，只在明确了效果、目的和意义之后才会采取行动的人，无法取得卓越的成就。

无法直接派上用场的事情也有意义

刚刚进入日本传统领域的学习者，比如学习落语、相扑的年轻人，往往需要负责打扫卫生、做饭等工作。这些杂事在落语和相扑的学习中无法直接派上用场，大家或许会对此感到疑惑。可是只要问一问在这些领域中有所大成的人，就能明白学徒的工作并非完全没用。

我在波士顿偶尔有机会见到小泽征尔，他告诉我一名希望成为指挥家的年轻人的提问曾经让他哑口无言。

"那个年轻人问我，要想成为一名了不起的指挥家，怎样做才能不走弯路，最快达到目的。"

面对这样的问题，小泽征尔笑了笑没有理会。

小泽先生在国外学习指挥时，曾经得到一家日本摩托车制造商的资助。作为回报，他需要在背上贴日本国旗，骑着那家制造商的摩托车在欧洲到处跑。

或许正是因为他没有以此为耻，而是乐在其中，所以才抓住了在国外学习音乐的机会。小泽先生了不起的点在于能够将乍一看没有意义的事变成好事，从中找出某种乐趣。如果是只能看到缺点的人，或许会认为制造商要求做的事情太难堪，结果放过了可贵的机会；或者就算接受要求，也只会采取消极行动，把骑行当成义务，尽可能在没有人的地方完成。

但是小泽先生选择愉快地在人多的地方骑行，和出于好奇凑过来的人成了朋友，乐在其中。这份经历帮助他养成了哪怕对方是外国人也能迅速打成一片的性格。我想他之所以能在位于波士顿郊外的坦格活德举办的年轻指挥家比赛中获胜，并不仅仅是因为他拥有出色的指挥技术，也是因为有乐队成员的合作，他们被小泽先生的人格魅力吸引，亲切地称呼他为"征尔"。

就算是乍一看没有意义，与自己的目标没有直接关系的经历，就算当时认为绕了远路，在事后回想时，或许对你来说恰恰是一条最近的路。

只有能坦率地接受当下发生的事，将事实转化为优势的人，才有望获得巨大的成功，这同样与内心的自由度有关。

有明确的长期目标会带来好结果

开普勒定律是从"富二代"的数据中诞生的

我在本章开头说过，人要想完成一件事情，首先要有动机，然后还要经过多个阶段的复杂过程才能最终完成。

牛顿发现万有引力定律，并不是看到苹果从树上掉下（动机），就发现了万有引力定律（完成）那样简单。

牛顿读过伽利略著名的"自由落体定律"之后深有所感，这是牛顿的第一项动机。

牛顿从伽利略的引力概念中学到了物体运动背后为什么存在"力"的概念，并且开始扩展概念，思考更准确的概念。

此时，牛顿阅读了开普勒的论文，他想到了天体有规律地运动同样是因为某种力，天体运动同样是由于"力"的作用而产生的。开普勒的理论是推动牛顿万有引力定律的重要契机。

开普勒确实找到了能够清楚描述行星运动的法则。比如"行星沿着椭圆形轨道围绕恒星旋转，而恒星位于椭圆的一个焦点上"，这与过去的圆形轨道理论相比是一次划时代的进步。

另外，开普勒还关注到"行星在距离恒星较近的位置运动速度大，与恒星距离越远速度越小"。

当时的实际观测已经发现了这种程度的事实，开普勒以观测数据为基础进行了精密的计算，发现了行星准确的速度变化。用线连接位于中心的恒星和位于四周的行星后，线会随着行星的运动而运动。这条移动的线段会形成一个以恒星为顶点的扇面，其面积随着时间的流逝逐渐增大，这样可以计算出特定时间内形成的扇形面积。根据计算结果，开普勒发现了能够计算出该面积增加规律的公式，从而得出"行星在远离中心的位置时，运动速度一定会减慢"的结论。

另外，开普勒还发现了一项惊人的事实，即开普勒第三定律"绕以太阳为焦点的椭圆轨道运行的所有行星，其各自椭圆轨道半长轴的立方与周期的平方之比是一个常量"，他称这条定律是"奉献了我这一生最重要、最好的部分才得出的发现"。

其实开普勒使用的庞大数据是由开普勒的上一代前辈，即天文观测领域的泰斗第谷收集的。第谷出身贵族，在一位慷慨的国王的赞助下，他建设了当时全世界最大的天文台。他只有观星一个乐趣，是疯狂的天文学家，把所有金钱和时间都用在了观测上才收集到规模庞大的数据。开普勒一直在研究第谷收集的数据，并深信其中一定包含着某些单纯又明确的原理，最终发现了行星运行的三大定律。

他夜以继日地进行着复杂的计算，尝试计算距离的平方或立方等，并从各种角度比较数据和计算结果。

经过各种各样的努力，开普勒花费了十年时间，在不断计算和推理之后，他终于发现了"开普勒三定律"。

只有在大脑处于饱和状态时，动机才能成为契机

牛顿阅读了伽利略测量物体下落的数据后写出的有关引力的论文，还阅读了开普勒经过大量计算后写出的有关天体运动的论文。

于是他开始认真思考是否存在一项原理，能统一解释天体与地上物体的运动原理，是否能将伽利略和开普勒发现的定理总结成单纯明确的原理。

就在他满脑子都在推理关于力与运动的规律时，有一天，他看到苹果从树上落下，想到了万有引力可以解释这些规律。

能够统一解释各种力学法则的原理就此诞生。

可以说正是因为牛顿在此之前满脑子都在想是否需要一项原理，来统一天体运动的法则和自由落体的法则，才能得出万有引

力这个结晶。

就像当饱和状态的砂糖溶液遇到一个契机，溶解的砂糖就会集中在一起，形成美丽的冰糖结晶一样，牛顿大脑里的思考已经处于饱和状态，才能在看到苹果掉下来的时候产生结晶。

问题在于动机究竟是什么，看到苹果从树上落下只是一个契机，重要的是牛顿从年轻时就在不断思考"是否存在能够统一天体运动法则和地球上物体下落法则的原理"。他积累了大量学习和研究成果，直到到达饱和状态，于是在遇到一个契机时顺利产生结晶，实现了创造。拥有明确的问题意识是孕育伟大创造的强大动机。然而在现实中要想达到创造的目的，存在各种各样的困难。

最重要的不是眼前的目标，而是学习本身

人很容易只为眼前的目的学习或努力，很多时候一旦目的无法达成，一切努力就都白费了。

但是，如果不去确立过于明确的目标，而去享受努力的过程，在过程本身中找到意义的话，那么人的努力就能半永久地持续下去。

或许有人认为坚持更明确、更远大目标的人，能够获得更大

的成功，但我认为不能如此断言。

美国历任总统都制定了明确的国家目标，比如肯尼迪的目标是在科技领域成为世界第一，于是有了"阿波罗"计划等。肯尼迪宣称美国必须要在一切领域成为世界第一，当时美国还保留着巨大的经济活力，所以远大的目标能够激发民众的积极性。

可是如果拿不出与目标相符的实力，过大的目标就会成为重负。

有人认为考生之所以拼命学习，是为了考试。对于没有眼前的目标就完全不会学习的年轻人来说，或许确实如此。

但是，我认为那种就算没有短期目标也能享受学习的人，才能被称为优秀的人。

不带目的制造出的机器人成了畅销品

一次，我去参观日本某家电机公司的工厂，在那里听到了一个有趣的故事。

那家公司抢在其他公司之前制造出机器人，但一开始并没有买家。他们制造出了各种机器人，但并没能顺利打开销路。出人意料的是，公司在那个时期按照传统思路开发出的机器人最近却卖得很好。现在，这家公司已经可以根据买家的要求定制机器人，但是以定制为目的开发出的机器人只能卖给固定的买家，不能继续售卖，反而是初期没有定制要求时开发的机器人型号成了公司卖得最好的产品。

我作为一名数学家，非常理解这个现象。大型计算机刚问世的时代还没有电子学，尽管人们投入了大量资金，依然只能把以前的手摇计算机放大。用大型计算机进行加法计算时，位数过多或进位过多时，计算机很容易出错停止，并没能达到大家期待中的效果。

在大型计算机时代，一位名叫布尔的科学家，潜心研究了逻辑和推理的构造，发明了现在被称为布尔代数的逻辑演算法。因为这项发明只需要数学家的头脑，所以是一项不花钱的工作。

可是后来，随着电子学的出现，多位数的进位问题等不再是障碍，花费大量资金制造出来的大型计算机成了多余的东西，只用头脑发明出的布尔代数反而派上了大用场。从长远的角度来看，抽象的、似乎无法实际派上用场的事物可能会在之后起到重要作用，而只为达到眼前的目标所做的研究反而没有达到预期的效果。

模仿 + 实力化 = 创造

模仿得来的能力成为条件反射，推动我们进步

有一个母亲向我抱怨："我家孩子只会模仿别人写文章，不会自己写文章。"

我对她说："如果孩子想模仿，就让孩子尽情模仿。在模仿的过程中，总有一天能超越模仿，写出属于自己的文章。"

在数学家里同样有坚持"绝对不模仿他人方法"的人。虽然这很帅气，但这样的数学家中有不少头脑顽固、发展空间不大的人。

优秀的数学家会关心他人的工作，无论对方是自己国家的人还是外国人，他们都会认真学习，遇到需要模仿的地方也会尽情模仿。

虽说是模仿，但是仅凭依样画葫芦无法实现具有创造性的飞跃。这里的模仿，也是需要不断提升自己的技术能力，以便能够学习他人的工作，直到能够用自己的方法重塑。

也就是需要在模仿的基础上加上 α，那么这里的 α 是什么

呢？我认为是"实力化"。"实力化"是指将通过模仿学到的东西变成自身实力的一部分，以便能够自如地应用。

不断重复"模仿"加"实力化"的过程完成的自我积累，最终会带来创造。

我认为孩子们很了不起，尤其是他们学习外语的过程，看起来非常有趣，大部分移居外国的孩子都能比他们的父母更快掌握当地的语言。

这是因为当听到当地的孩子说"你是个笨蛋"时，孩子们会原封不动地模仿说"你是个笨蛋"；被问到"你的心情如何"时，孩子们会条件反射地反问"你的心情如何"，而不会因为想要去回答而语无伦次。在老老实实模仿一切的过程中，孩子们通过条件反射掌握了一门外语，接下来就能"出口成章"了。

独创需要包容

我认为如今日本科学技术的积累得益于优秀的模仿能力，是通过拼命模仿得来的。

一些国家近来在数学研究方面也开始出现优秀的成果，可是依然没有达到能够与欧美和日本的数学比肩的水平。我认为最大的原因在于缺乏模仿。

如果能更彻底地模仿，就能更早地如条件反射一样利用先进技术，创造出下一个用来相加的 α。

学术本身就是踩在过去的遗产上进步的。为什么现代数学家能够解开过去的数学家解不开的题目？并不是因为现代数学家更聪明，而是因为他们拼命学习并消化过去积攒下来的数学知识，将其变成一种条件反射后继续向前进。

如果我们这些普通人拒绝模仿，想从头开始积累人类在百年前已经掌握的知识，最终也无法达到百年前优秀人才的境界。

一个人花费两年得出的理论，用模仿的方式只需要两个月就能学会。所以从前人的成果出发，才能取得新的进步。

虽然我认为"创造力"中包含各种各样的因素，不过其中一定包含一点，那就是"包容"。我认为"模仿自己没有的东西"能够提升自己的包容度。

不包容的国家无法顺利进行这种模仿。

发展中国家里同样存在擅长模仿的国家和不擅长模仿的国家，擅长模仿的国家或许可以用二十年制造出日本花费一百年才完成的事物，对日本来说，这样的国家是可怕的。

总而言之，如果希望取得进步和发展，就应该不断模仿，增强实力。从某种意义上来说，遇到富有魅力、让人想要模仿的对象是一件幸事。

沉迷能带来好结果

在数学领域，如果一个人能感受到某个问题的魅力并沉迷于其中，那么无论这个人能否解开问题本身，都能得到某种与问题相关的好结果。

我认为一项事物的魅力在于神秘感，正是因为人们能够感受到神秘，所以才会觉得它有魅力。

大部分学习好的孩子都具备在各种现象中感受到神秘的能力。如果父母具备感受神秘的能力，那或许跟随父母长大的孩子也能受到影响。是否能感受到事物的魅力，完全取决于感受方是否对此敏感。

开发扫地机器人的人曾经说过，最难的问题在于教机器人识别什么是垃圾。机器人有可能会把掉在房间里的钻石戒指当成垃圾处理，所以会出现什么是垃圾的问题。听了开发者的话，我感触良多。

有一句通俗易懂的广告词说："如果没有电，微波炉就只是一个盒子。"

如果说垃圾是没有价值的东西，那可能是因为它本质上是人们感觉不到魅力的东西。这就是垃圾的定义。

能够感受到一切事物的魅力的人是富足的

热恋时，收到的情书是最珍贵的宝物，然而一旦热情冷却，旧情书或许就变得和垃圾无异。反过来说，能够感受到一切事物的魅力的人，或许是大富豪。因为对这样的人来说，很多东西都价值不菲。而对于时日不多的孤寂老人来说，哪怕身边全是金银财宝，恐怕也与垃圾无异。

因此感受魅力的能力，决定了一个人的富足程度。

一个能充分感受到事物魅力的人，一个充满热情、想要努力挑战神秘性的人，会过上充满意义的人生。

创造是一种勇气

从同步到产生化学反应

我想说一说人际关系中的同步和化学反应。

以前，日本人非常擅长同步（一致），通过出类拔萃的团队合作取得了巨大的成果。然而今后要想得到巨大的成果，团队内部还必须产生化学反应（有化学反应的人际关系），也就是像不同物质化合后形成新物质那样，由个性不同的人相互碰撞，产生火花。但如果处理不好，整个社会将只剩下化学反应，走到无法收拾的地步。

在美国，有化学反应的人际关系兴盛，出现了很多个性的碰撞，所以美国人几乎独占了诺贝尔奖。不过在团队合作方面，他们有很多需要向日本学习的地方。日本要想原封不动地模仿美国实在很困难，所以需要掌握好平衡。

日本的教育目前面临的问题是，在多大程度上允许发生化学反应，在多大程度上保持同步。如果打破同步，则需要考虑失控的问题，可是如果彻底消除发生化学反应的可能性，就很难激活人的创造力。

所以我在数理科学的教育方面期待化学反应的发生，却并不想将化学反应扩大到整个日本。我相信在各个领域中，只要保留固定范围的小规模化学反应，就能推动整个领域的进步和发展。

日教组应该根据自己的理念创办大学

举例来说，日教组 ① 批判日本文部省制定的教育制度，指出了日本现行大学教育的缺点，而我认为他们应该更进一步，尝试创办小规模的"日教组大学"。不改变全国的教育制度，而是首先尝试创办一所能够实现自身理想的特色学校就好。

提出应该改变整体教育的人，或许只是因为明知道不能改变而抱怨，或许是傲慢地认为自己真的能改变全部。要是能够创办小规模的特色教育事业，那么如果效果不好自然会消失，如果成功则会逐渐影响主流。

现实中，无论想要创办多小的学校都很困难，高谈阔论则轻松得多。可是我认为日教组是能够节省一部分预算，创办一所基于自身理念的学校，接受社会检验的。

社会上有把政府官员当成坏人的成见，然而首先，官员通常

① 日教组：日本教职员组合的简称，又称日本教育工会。

是由一群非常优秀的人组成的；其次，他们对世界趋势相当敏感，而且能够轻易地收集到信息。

所以如果日教组创办的学校取得了优秀的成果，主流制度应该会吸取其中的优点。我认为对日教组来说，这是实现理想的最好方法。日本教育制度的缺陷在于千篇一律、在于平均化，应该大力鼓励创办小规模、具备独立性的学校。

未来的时代是富有创造力的时代。日本达到现在的水平，未来要想实现真正具有日本特色的发展，只能依靠创造力。佩服批判者提出的理念的时代即将结束，未来，富有创造力的人将逐渐成为时代的中心。

我希望数学老师能告诉孩子们数学的有趣之处

一年夏天，我举办了面对高中数学老师的讲座，参加的人并不多。如果讲座的内容对老师的工作有直接帮助，比如是高中数学要怎么教，如何教数学才能让学生理解等技术层面的培训，那么参加的人或许更多。然而仅仅掌握了技术就叫好老师吗？我对此抱有疑问。我认为拥有很多不能直接在教室里使用的知识，有丰富教养支撑的判断力，并拥有独特而准确的视角的人才是理想的老师。

因此在我的讲座上，我希望各位老师能够了解数学的历史和思想层面的内容——我不知道这是不是艺术感知，不过至少是可以称为"数学嗅觉"的感知。

我之所以想做这样的讲座，是因为在高中数学老师中，如果有人认为数学是非常无聊的学科，就会对未来的学生产生不好的影响。

大学数学专业的学生中，有些人想成为数学家，最后却没能留在研究室，只好成为高中数学老师。如果这样的人因此产生了自卑感，失去了对数学的梦想和热情，在教室里只教学生数学技巧的话，学生们就太可怜了。就算我想告诉这些老师数学背后的思想，他们恐怕也不会关心。

只教数学课本上的内容并不难，但是要讲数学思想就需要很大的勇气了，在某种意义上必须有责任感才行。因为技术可以依靠逻辑，不需要自己为此负责。只教逻辑非常容易，可是如果讲到思想，就很有可能因为自己的想法而受到批评。

也有老师不想冒风险，但我希望成为高中老师的人能够了解数学思想。

无论是什么水平的创造，只要是创造，那么除了知识和技术之外，都需要勇气，有时创造甚至是一种赌博——可能失败，也可能中大奖。

一攫千金的梦想是勇气的象征

在美国，一攫千金的梦想被看作勇气的象征，人们反而会积极引导、奖励这样的梦想。

举例来说，美国西尔斯公司曾是全世界最大的私人零售企业。一名在西尔斯公司工作的 19 岁男孩发明了能够单手拧螺丝的工具，就是后来的机械套筒扳手。以前的扳手在拧螺丝的过程中需要多次重复套上螺纹和松开螺纹的过程，而他的创意是通过轴承的作用，把扳手向前拉就能拧紧螺丝，向后推就能拆下螺丝。

西尔斯公司认为这是一个有趣的创意，花了大约 1 万美元买下了这项发明，做成产品销售，获得了巨大的利润。多年后，当时 19 岁的发明者的父亲提出儿子应该得到更高的报酬，遂和西尔斯公司打官司，要求对方支付 6000 万美元。

这名父亲说儿子当时没想到自己的发明能获得如此高的利润，所以才签下了 1 万美元的合同，那份合同是无效的。最后法院判他胜诉，他成功从西尔斯公司手里得到了 6000 万美元。

6000 万美元在当时相当于 150 亿多日元，足以让一家人过上悠然自得的生活。可见美国依然保留着一攫千金的梦想。日本对发明的奖赏力度并不像美国那么大，所以人们很难通过发明实现一攫千金的梦想。

总体来说，美国有很多奇怪之处，但它目前毕竟是世界强国，会给予发明创造丰厚的奖励。

美国的学界比商界更激进

在日本，25 岁就当上教授是一件让日本人无法想象的事情。

稍微介绍一下我的情况。我在 26 岁时前往美国，29 岁在哈佛大学取得了博士学位。这样的速度在日本已经算快的了，但是和我一起取得数学博士学位的人年龄都在 22 岁到 25 岁之间，这让我自愧不如。

不过我在取得博士学位后突飞猛进，一年后就当上了讲师，两年后当上副教授，在第四年成为哥伦比亚大学的教授，在当时属于哥伦比亚大学非常年轻的教授。

通常情况下，讲师、副教授和教授的合同都是三年，不过在美国，只要有实力，就可以忽略合同内容不断升职。在日本，40 岁以后才当上副教授是顺理成章的事情，要升教授时还会因为年纪尚轻遭到反对。

从国家整体层面来看，我对美国这种根据实力给予奖励的方法持保留意见。不过至少在学术领域，我认为日本应该更积极一些。因为学术领域是创造的世界，应该引入更勇敢一些的方式。

或许商界的情况会有所不同。假如像在美国那样有人在 40 岁之前当上总经理，在五年内成绩优秀，之后却无以为继的话，会导致总经理和公司全军覆没的问题。因此，在某种程度上，日本论资排辈的方式也有好处。

在我看来，日本学术界远比日本商界保守，而美国学术界远比美国商界激进。

当机立断的能力是打败不安的勇气

为了培养当机立断的勇气，需要做重大决定

当我们需要做重大的决定时，往往由于难以预测结果而出现反对意见，比如"做了也无济于事""不做更稳妥"等。尽管如此，一旦你决定赌一把，它就会成为一个勇敢的决定，之后运气会站在你这一边。

不能当机立断的人总是犹豫不决，最后什么都没做，却认为自己运气不好，我认为这是错误的。

要想培养当机立断的能力，负责任是必不可少的。我父亲在我上高中时，让我做了一个相当重要的决定。现在想来，或许是因为我的两位兄长去世，所以父亲把我当成长子对待。战后不久，一名熟人要向他借一大笔钱，用来开咖啡馆兼游戏厅。父亲把我叫去，对我说："由你来决定，你说借就借，你说不借就不借。"

我什么都不懂，因为是熟人的请求，所以没想太多就决定借钱。父亲说："虽然我知道他会失败，不过还是借给他吧。"结果

正如父亲所料，几个月后那家店就关门了。

我觉得父亲了不起的地方在于他并没有因为这件事向我抱怨过一句。他为了培养我作为长子当机立断的能力，是抱着这笔钱会打水漂的觉悟出资的。

要想培养孩子当机立断的勇气，必须让他们做稍微重大一些的决定。

不勇敢做决定，运气就不会降临

拥有做决定的自由时，当机立断的人会充满活力，而优柔寡断的人会消沉，怀念每天接受命令的军队式生活。

数学系的学生同样如此，优柔寡断的人就算成绩稍好一些，未来也看不到希望。

他们举棋不定，遇到问题时会出现以下对答。

"这个问题有解吗？"

"所有问题应该都有某种形式的解答。"

"两年左右能解开吗？"

"如果我知道两年之内能解开的话，我现在就开始解了。"

"以前有人解开过吗？"

"因为著名的数学家没能解开，所以如果你能解开就有意思了。"

"既然厉害的人都解不开，我还是放弃好了。"

他们最终想要的是学生也能在两年左右解开的简单题目，而且还是非常厉害的题目，世界上哪会有这么合适的题目？

运气不会降临到优柔寡断的人身上。经常有父母问我应该如何培养孩子的自信，我并不喜欢这个问题本身。

我反而希望父母问我应该如何让孩子拥有勇气，我认为自信并不是能简单拥有的东西。自信是在积累的过程中逐渐产生的。积累有两种，一种是经历失败，知道在失败之后也能重新站起来；另一种是经历成功，发现自身的可能性，只要去做就能做到。

这样的积累不是凭借小学生贫乏的生活经历就能完成的。尽管如此，还是应该从小事做起，让他们亲身经历一件件小事，比如解开有一定难度的题目，或者发现有人能飞快地解开自己拼命努力也没能解开的题目。

工作能力强的人是有勇气打败不安的人

我自己只是因为现在比以前经历过更多，所以更有自信，但我内心依然总是存在不安。不过我认为，与其说一个人能充满自信地工作，不如说这人只是在鼓起勇气打败不安。

那么怎样才能让孩子鼓起勇气呢？方法就是父母不要付出多余的担心。重要的是相信孩子，哪怕担心也要让他们自己解决问题。

如果只是初中入学考试失败，孩子并不会有太大的屈辱感。但是因为父母过度的体贴和担心，这份担心、不安和自怨自艾会潜移默化地影响孩子，甚至摘掉了孩子勇气的萌芽，让他们无法做出挑战，克服眼前的困难。

一个父亲为了孩子的事情找我咨询，他对我说："我儿子学语文的时候会担心数学，学数学的时候会担心社会①，结果因为心里不安什么都做不了，于是我就告诉他，总而言之，不要忘记已经记住的知识就好。"我听了他的话后说，其实正好相反，应该让孩子忘掉已经记住的知识。人类如果失去了忘记的能力，就会变成性能差劲的计算机，甚至不如真正的计算机。

因为担心忘记旧知识就无法集中精神学习新知识，这相当于无法进行任何输入。虽然这个父亲是在为孩子着想，却在做着往孩子内心植入不安的特训。打开一个频道之后就与其他频道绝缘是一种了不起的能力。不要害怕忘记，集中精力、鼓起勇气面对眼前的事物，运气就会自动降临在你身上。

---

① 日本中小学的课程名称。

"直觉"是当机立断的能力

不断做决定就是"直觉"

我认为直觉不准确、不灵敏的说法是不正确的。"直觉"就是做决定。因此，害怕做决定的人看起来就是直觉不准确。

其实就算是公认直觉准确的人也会经常失败，但如果能够立刻转换情绪，有渡过危机的勇气和决心，就能马上从其他地方挽回失败，所以最终勇敢的人更容易成功。

直觉不准确其实是因为害怕失败所以什么都不做，既然什么都不做，就不会有任何成果。

与其把"直觉"当成一种特殊能力，不如把它当成一种当机立断的能力。

将大笔资金投入股票等无法准确预测今后政治、经济动态的理财方式中，需要相当大的勇气。

在风云万变的地方发挥直觉，其实就是拥有做出选择的勇气。

在数学领域说到直觉，首先要在解题时果断决定一个方向，然后全力尝试。如果走出一段后发现不行，就立刻转换方向。

解题方法有多种可能性，所以改变方向后依然可能失败。但如果踌躇不前，觉得这样做也不行、那样做也不行，那么不管过多久都找不到好的切入点。

直觉灵敏的人并不一定在一开始就能找到好方法。采取实际行动后如果失败，就会知道已经走过的路不行，之后就能做出更好的选择。

直觉灵敏的人在大脑里不停地思考，就像计算机的光点不断闪烁一样，做出一个接一个的决定。我认为或许"不断做决定"就是人们口中的"直觉"。

陷入瓶颈时，可以建立假设

我们在解决问题的过程中如果遇到瓶颈，在放弃之前，可以凭借直觉假设一个答案，然后进行归纳思考。

如果假设的答案和题目有不相符的部分，就说明假设是错误的，有助于建立下一个假设。

举例来说，像拼图、魔方、填字游戏等游戏，如果事先知道答案，就会变得简单到荒谬。

一个更浅显的例子是作弊。在遇到瓶颈时，只需要扫一眼旁边人的答案，就能轻易得到答案，有时候还可以根据答案流利地写出过程。

假设有一道题是"题目中的方程变形后会成为以下哪个"。解答者一个一个试会耗时耗力，但如果提前知道答案，题目改为"证明变形过程"，问题就变得简单了。

作弊当然不好，不过假设一个答案后逆推的思考方法绝不坏。

在学术领域建立假设在某种意义上来说是一件需要勇气的事情。无论是数学领域还是物理领域都有一个魔咒，即最初建立的假设一般都会被证明是不成立的。

可是建立假设后，在潜心研究的过程中可能会有意外的重大发现，就算假设本身不成立，在证明假设不成立之后还能催生出新的观点，带来大发现。所以我认为即使最初建立的假设基本不成立，也必须毫不畏惧地建立假设。

从这个角度来说，要想今后从事富有创造性的工作，就必须更多地采取建立假设进行演绎的思考方法。

计算机不会碰运气

用计算机解数学题时，计算机由于遵循逻辑，演算速度快，因此能比人类更快地解开数学题，这似乎不足为奇，但实际尝试后会发现，计算机做题的速度有时反而更慢。

原因在于计算机会从一开始就考虑所有可能性，老老实实地依次计算。而且计算机会对得出的每一个答案进行计算，考虑到所有可能性。

而人类会碰运气，能发挥直觉的作用，也就是说推测出一个可能的答案后再开始计算。如果计算的过程中发现不对，人还能改变思路，这种方式的速度要快得多。

在解题做证明或得出答案时，人可以跳过 n 个步骤，而计算机必须经过复杂的计算。比如计算 2 的 n 次方时，人可以跳过多个步骤，而计算机必须先计算 2 的平方，再计算 2 的平方的平方……重复 n 次。实际计算后会发现，n 越大，数增加得越快。

这样一来，无论计算机的计算速度多快，只要人能跳过 10 步，就能赢过计算机。

人在无能为力时，可以通过建立假设解决问题，这叫作 "working problem"（工作中的假设）。建立假设后往往能找到好方法。

第 3 章
用可变思考转换思路

拥有属于自己的参数

个性就是拥有属于自己的参数

在本章中，我会从数学的思考方法和技术中选择简单的部分，探讨如何将它们应用在社会中。

首先让我们来想一想参数。在第 1 章中，我说过为了将复杂的问题简化，数学中会使用"增加参数"的方法，所以我想大家已经理解了参数的意义。

生活在现代社会的不幸之一是信息爆炸，大量信息赋予了人们各种参数。

有一次，我在电视上看到了一个一辈子积攒了数亿日元财富的男人，他说："世界上的一切都是金钱。"然后他滔滔不绝地讲述如何赚钱。那个男人身上有明确的"有钱人"的参数，因此可以说有钱是他的"个性"之一。

有个性就是拥有属于自己的某个参数。虽然那个在电视上炫耀的男人有了不起的地方，可是如果看电视的人因此而佩服他，觉得现代社会中赚不到钱的人就是失败者，就陷入了被信息裹挟的状态。

专心赚钱并成功是好事，一旦不顺利，人的内心就会出现矛盾。这个也想要，那个也想要，却没办法凭借自己的力量得到，于是心中充满自卑和自怜，认为自己是个没用的人。

创造就是发现新参数

我认为只拥有由外界信息提供的参数的人，是最低维度的人。提供信息的一方也是在某条道路上取得了成功，拥有属于自己的参数，然后在此基础上讲述自己的故事的。

可是从他人口中获得信息并盲目相信，丢失属于自己的参数，用他人的参数衡量自己，认为自己不幸，是一件相当愚蠢的事情。因为外界提供的信息而发愤图强，碰巧顺利地与自己的运气相辅相成是好事，不过在事情进展不顺利时，这类人就会主动将自己陷入不幸。另外，一味批判别人的参数的人，最终也同样会丢失自己的参数。

大家必须明白，世界上有各种各样的参数，属于自己的参数可以由自己创造。

而且大家一定要知道，世界上一定存在还没有被发现的参数。

创造正是发现新参数、追求新参数，我们要活得富有创造力，活出个性。

"数学"这个参数之所以会在不知不觉中植入我的心中，是因为舅舅的存在。舅舅并没有教我数学本身，但我通过舅舅知道了数学这个参数的存在，可以说是我自己主动发现这个参数的。从这个角度上来说，舅舅对我的影响很大。

我父亲是一个一心经营绸缎、纺织品的商人。他很早就开始工作，最后建起了一家纺织品工厂，算是经商领域的成功者。

所以，我出生长大的山口县的由宇町小学邀请父亲做演讲时，他会说"守护由宇町的唯一方法就是商业""生意人是让人开心的小偷"，等等。他的思考方式完全建立在做生意的基础上。也就是说，我父亲的参数是做生意。

可是我听祖母说过一件有趣的事。父亲小时候曾经也想要成为一名学者，在他上学的年代，人们从寻常小学①毕业后有各种选择，要么进入初中，要么在高等小学②学习两年，要么毕业后直接去做学徒等。我父亲喜欢学术，曾经说过想进入初中。

但是父亲的父亲，也就是我的祖父在父亲13岁时去世了，

---

① 寻常小学: 日本明治时期根据 1886 年《小学校令》建立的初等普通教育机构。
② 高等小学: 从寻常小学毕业后继续接受教育的学校。最初是四年制，后改为两年制。

所以祖母一个人实在无法供父亲上初中。而且父亲还有两个生病的弟弟，祖母能依靠的只有健康的父亲一个人。祖母当然希望父亲不要去上初中，而是早早进入社会工作，但父亲无论如何都想上初中，于是强行开始绝食斗争。

小学六年级的孩子正是胃口好的时候，可父亲因为长时间绝食，总是病恹恹的，医生甚至说过如果继续下去，他很快就会死掉。尽管父亲已经做出了如此激烈的反抗，祖母却依然不同意他上初中。父亲只好在病恹恹的状态下改变了主意，不再绝食。

就算什么都不教，参数也能传达出来

父亲说过想要做学术，我不知道他对学术了解多少，不过做学术一定是父亲向往的道路。尽管如此，当我提出要走学术道路时，他并未举双手赞成，甚至对我说："既然你这么喜欢学术，那就去做生意，成功以后雇几个学者就好。"

但父亲不惜绝食也想上初中，难道不是因为他觉得学术领域一定有什么有趣的地方吗？所以他并没有批判学术本身，还告诉我要雇几个学者。

可是不管怎么说，在真正意义上告诉我什么是学术的人，还是我的舅舅。

舅舅想从东京工业大学毕业后继续读研究生深造。可我的外祖母反对，他没有办法，只好找了工作。

尽管如此，舅舅还是跟我说过牛顿、爱因斯坦等他尊敬的很多学者的故事。故事里面当然包含了物理和数学的知识，所以我自然而然对物理和数学领域产生了兴趣。

对我来说，被亲戚们叫作"数学脑"的舅舅本身就是一个绽放出神奇光芒的参数。看着有人充满热情地投入一件事情的样子，尤其是当这个人是自己身边熟悉的人时，少年柔软的内心一定会被打动。这种情况和重视教育的妈妈们在孩子耳边念叨"科学家好""医生好"之类的话，或者从电视和杂志上看到的宣传信息有本质上的区别。

"你要再努力一些，在数学考试中考出好成绩。"

斥责和激励的话语中即使展示了同样的参数，也不会绽放光芒。

舅舅并没有直接告诉我分数计算之类的知识，却在我发现属于自己的参数的过程中为我指明了方向。

遇到瓶颈时，换一个维度思考

必不可少的"时间轴"

思考问题时参数的数量叫作"维度"。我们在"长"和"宽"组成的二维平面思考方法中加入"高度"这个维度，就形成了三维空间的思考方法。立交桥即采用了三维空间的思考方法，在道路问题上增加了高度这个维度。

在此基础上，还会出现必须再增加一个维度的问题，这时需要加入的维度是"时间"。

举例来说，假设房间的大小不变，但人生了孩子之后，玩具、书和家具需要不断增加，这使得有限空间里的物品越来越多，收拾不过来。这种情况下，要如何在有限空间里支配物品呢？其中一个方法是在平面上加入"上下"的参数，有效利用空间，比如增加吊柜等。然而，只用这种方法赶不上物品增加的速度。

那么还可以在思考中增加一个时间参数，比如孩子长大后，一些玩具和绘本就不需要留下，因此可以选择便宜卖掉或送给需要的人，有些时候也可以考虑扔掉。

换句话说，只要考虑到"需求"会随着时间的流逝而发生改变，就可以更换同一个房间里由于时间错位而不再被需要的物品，不需要因为物品增加而勉强自己置换更大的房子。

日本在很久以前就开始增加时间维度，利用立体空间。一间宽 2.7 米、六叠①大小的简陋房屋也能让一对夫妇和他们的孩子住得很舒服。就算房子那么小，在起居室里铺上被褥就能变成卧室，放上餐桌就能变成餐厅，把零零碎碎的小东西全部装进抽屉就能变成客厅。西式的房子会按照功能区分出固定的房间，扩展为长、宽、高三个维度，而日本则增加了时间维度，让房子变得更大。

如何更有效地利用有限空间，是仓库管理等领域最切实的问题。要想提高时价、增加回报率，就要积极利用"时间轴"的概念，生意才能做得好。

首先，仓库管理者要抓住重点，根据平面图考虑如何排列才能放入更多物品，以及如何让出入库更加方便。这些问题尚且停留在二维阶段，只需要思考如何扩大使用面积。在大城市等占地面积受限的地方，可以让建筑向上延伸，干脆建成二层或三层结

---

① 叠：日本房屋的面积单位，一叠约为 1.62 平方米。

构。另外，还要加入三维的思考方法，考虑如何将物品整齐地从地板堆到天花板。一般情况下，城区会有规定，还要考虑到日照权问题，所以市内的建筑物有高度限制。在这种情况下该如何是好呢？

此时要解决的问题就是如何有效分配时间。以停车场为例，可以提高日间高峰时段的停车费，降低夜间停车费。通过改变不同时段的收费标准，或许能够提高相同面积、相同高度的停车场的收入。

在仓库、停车场等靠增加存放的物品获得收入的生意中，时间是非常重要的因素，因为时间与收入直接相关。在山里，无论仓库多大，毕竟交通不便，使用者或许都很少。如果能在便利的地理位置加快出入库的速度，并且做好时间分配的话，即使面积小，也能获得不错的收益率。

在高维度上继续增加属于自己的参数

在重视"空间分配"的同时，时间分配中的量化同样越来越重要。考虑时间分配就是在考虑"时间轴"，即用几何学的方式表示时间，做四维空间的生意。

这些基于数学思维，在几何学维度上考虑的问题，也可以套用在更普遍的"对事物的看法"上。

我们本身就存在于一条"时间轴"上，不能忽视现在（零）、过去（负）、未来（正）中的任何一项。翻开社会课的课本，会发现日本受到了中国、韩国等亚洲国家的批判，这是因为日本人"健忘"，喜欢忽视存在于时间轴上的事实，而东方思想在时间维度上考虑的范围很广。

充分利用时间差的灵活性

我在前文中提到了美国人做决定前的固执和做决定后的灵活，我同样深切地感受过他们在时间轴上的灵活应对。有一次，我以哈佛大学教授的身份参加了一个芬兰数学研讨会。

在会议期间，我很想就某个问题与一位身在莫斯科的苏联数学家进行讨论。正好有一个朋友要开车去莫斯科，我便马上去苏联大使馆办了签证。但就在出发前，我犹豫了，觉得最好通知一下美国大使馆，于是去美国大使馆提交了苏联的入境许可申请。

这是因为我拥有美国的永住权，有义务受到美国法律的约束。根据当时的美国法律，当时每次出入共产主义国家都需要取得许可。我去美国大使馆咨询时得知，负责处理出入境申请的总部位于德国法兰克福。如果从芬兰申请，最快也需要花四五天时间才能拿到许可证。

朋友们的车已经在大使馆外等着我了。我拼命请求使馆工作人员通融一下。于是大使馆的工作人员让我现在就提交苏联入境申请，在许可证下来前，他们就当作不知道我去苏联了。等我从苏联回来的时候，去法兰克福取到许可证后再回美国。因为只有在入境美国的时候才需要许可证，所以就算进入苏联时没拿到也没关系。

美国制定这条法律的目的是核查人员身份。只要能达到目的，就算发行许可证的时间是在进入苏联之后，也可以睁一只眼闭一只眼。那次经历让我亲眼看到了美国的实用主义，合理利用时间差，让事情顺利进行。

脱离"时间抽"，拥有高维度视角

有人会说"我的家庭很幸福"。说到这句话中的"幸福"究竟是什么，幸福其实是一个相当多样化和高维度的现象。或许有人只从收入这一个参数来判断幸福与否，这种只看一个参数的思考方法是"一维视角"。

只关注收入这一个参数并以此来评价家庭是否幸福，是非常幼稚的方式，相当于只从宽度来判断面积大小。以房子为例，除了宽度之外，还有纵深、高度等各种各样的参数。看到认为只要收入增加就会幸福的人，我会感到他们就算收入增加了也并不快乐。简单来说，"就算没钱，只要健康就好""虽然不健康，但是因为有钱所以不担心生病"，从两个维度来思考"幸福"，就是二维的幸福感。

可是，假设有人既健康又有钱却依然不幸福，那他们会意识到自己的家里没有爱，于是"爱情"作为一个参数进入了他们的思考范围。当夫妻感情不深，但亲子之间形成了牢固的信任关系，那么在判断家庭是否幸福时，又增加了"信任"这个参数。拥有多个参数，就相当于处于"高维"世界，越聪明的人越擅长发现新参数。

《湖水的传说》中的独特参数

梅元猛先生在《湖水的传说》中描述了一位画家三桥节子，她重病缠身、没有钱，也没有得到足够的爱。从三维的眼光来看，她只能说是一个不幸的人，但即使失去了右手，她依然坚持用左手作画，从创造中获得了充沛的幸福感。

所以用非常简单的话来说，"维度高"就是指拥有各种各样的参数。

进一步来说，拥有个性、独特性、主见等浓重个人色彩的人，更擅于准确、主动地发现只属于自己的参数，并根据需要不断创造新发现。

哪怕只有一个也好，拥有与众不同、只属于自己的维度是一件很了不起的事情。另外，能够迅速看透他人维度的人擅长处理人际关系。擅长处理人际关系、适应环境变化的人，同样是拥有较多参数的人。

即使是一条线，也不一定只有一维

数学领域的一种思考方法是，试图不断发现事物背后更广阔的世界。

实数周围有很多虚数，尽管我们能够亲眼看到的只有一维的实数，但它们周围是能够扩展到二维的虚数世界。事实背后有很多虚构成分，通过了解虚构成分才能深入理解事实，并且享受联想和幻想的过程。

在维度问题上，不仅仅会出现一维、二维、三维这样的整数维度，还有 2.5 维、π 维……19 世纪末就出现了非整数维度的理论，该理论最近也突然被重新审视。自然界中有很多利用非整数维度的思维方式就能顺利解释的问题，比如计算肺的表面积时，用非整数维度就很方便。

肺从婴儿时期开始不断成长分化，在有限的空间内尽可能增加与空气接触的表面积。面积原本是二维概念，但是像肺内部那样复杂的表面积，就不是二维那么简单了，而是处于二维与三维之间的非整数维度。像肺的内部和大脑褶皱之类凹凸不平的部分，计算表面积时需要考虑的参数比二维更多一些。

利用这种非整数维度的思维方式思考，日本多见的沉降海岸等地的海岸线尽管只是一条线，却不能断言只有一维。海岸线不断受到侵蚀，计算时要考虑到各种复杂因素，说得极端些，需要在一维的基础上增加一些零头，会接近于二维。

如果带着"线是一维，面积是二维"的刻板印象，思维就无法发展，要认识到整数维度之间还存在分数维度和无理数维度，才能让思考变得更加开阔。

建立自己的"坐标"，有助于记忆和判断

根据坐标整理、定位

说到"坐标"，不喜欢数学的人恐怕会露出为难的表情，其实坐标对于不擅长数学的人来说也是一件相当便利的工具。发明坐标的人是笛卡儿，他有一句名言是"我思故我在"。笛卡儿是一位著名的哲学家，不过他同样作为一名数学家留下了重要的成就。说句题外话，他在自然科学领域同样活跃，在宇宙论中扩展了影响牛顿力学普及的理论。

那么，让我们来复习一下坐标。首先，坐标要确定零点，也就是位于中心的"原点"，从原点延伸出横轴 x 轴和纵轴 y 轴。利用坐标的思路，能够非常方便、清晰地定位。

在数学领域，原点叫作"极"，通过与极的相对距离和方向定位的方法叫作极坐标。如果除原点之外还有另一个基点，那么连接两点的线段和方向确定后，就可以通过比较轻易地定位新方向。还可以分别从两个原点观察新事物，为其进行定位。

巧妙使用坐标的代表事例是京都。京都的城市规划像棋盘一

样整齐有序，地名也是"几条、某小路东"之类的，可以很快用x轴和y轴定位。

在地图上，京都的原点是御所。

与大阪和东京相比，花费同样的时间看地图后，京都的地图更容易记住，就是因为地图上用到了坐标。东京明明有日本桥这个不仅是东京还是整个日本的原点，却并没有从日本桥出发画出合理的坐标轴。

另外，因为某种契机回到问题的原点，有时会让事情变得更加顺利，这一点在数学领域尤其明显。有些人提出各种思路后却没有太大进展，原因之一便在于他们大多想要在现有基础上更进一步。这时如果回到原点，或许可以做出一番了不起的事业。

而且在需要记忆某些内容时，脑海中有坐标和没有坐标的人，效率差距很大。

人的大脑容量有限，而且能有意识地使用的部分非常小。大脑的其他部分当然也在工作，却并不能凭借自己的意识控制。有时曾经忘记的事情会因为某种契机重新回忆起来，这种类型的记忆就无法主动想起，而是存放在潜意识中，而潜意识部分所占的比例远大于受意识控制的部分。

能有意使用的部分会在学习的过程中稍稍扩大一些，但是假如记忆容量有明确的限制，那么记忆越多，留下的空间越小，我们的记性就会越来越差。

不过，事实上存在以下这种现象。

我们在学习第一外语时相当费功夫，我想每个人在学习英语时都有总是记不住的情况。可是当熟练掌握英语的人学习第二外语西班牙语时，会变得容易很多。

反过来同样如此。有经验的人说过，说得极端些，会24种语言的人在学习第25种语言时会非常轻松。因为他的大脑里已经有了清晰的语言坐标，只要把一门语言与其他语言的相通之处和不同之处套在坐标里，就能立刻理解。

首先，确定适合自己的"原点"

要想在自己的大脑里建立坐标，首先要确定"原点"。通过观察新事物与原点之间的距离，会更容易学习。

学习外语时同样如此。如果已经掌握了英语这个原点，就可以通过判断一个单词与英语单词相似，或者一个语法与英语语法相反，来为一门新语言清晰定位。

也就是说，大多数人在记忆时不会全部死记硬背，而是以抽象化的形式记忆。

我的记忆力绝对不算好，不过关于数学的内容却能迅速记住。这是因为我的大脑里有数学坐标系，就像演奏家能记住大量乐谱，专业围棋手、将棋手能记住过去的所有对局一样。

总而言之，为了高效记忆，首先必须确定原点。要想进一步提高效率，可以在关键位置确定附属原点。

举例来说，乘坐 JR 列车来过京都很多次的人首先会把京都站定为京都市的原点。然后在此基础上增加新的附属原点，比如三条京阪站、四条阪急站等。在京都住的时间久了，还能不断增加新的附属原点，然后将各个原点连接起来，让京都市的坐标越来越清晰。

不过选择原点时"便利性"很重要。我经常将京都大学定为原点，京都大学的师生和住在京都的人都能看懂，不过对于不熟悉京都的人来说这就不方便了。面对不熟悉京都的人，就需要以京都御所和京都站为原点来解释。

把自己的原点当成他人的原点，是产生误解的根源；把自己的原点强加给他人，更会让人为难。母亲把自己的原点强加给孩子，就会变成"教育妈妈"①，会摘掉孩子发展的萌芽。由于母亲和孩子的原点不同，因此将原点强加给孩子会抑制孩子的发展。

---

① 教育妈妈：日本对过度关注孩子教育的母亲的称谓。

老师和专家能够让孩子的原点主动配合自己的原点，或者把自己的原点降低到孩子的位置，但父母很难每次都把自己变成孩子，所以必须意识到自己的原点和孩子的原点之间存在差距。

观察自己和他人的关系时，也要充分了解双方原点的差距，计算距离。要了解从对方的原点出发看待自己的坐标会是什么样子。

建立自己擅长的学科的坐标

年轻人如果要在学习时确立原点，要确立"只适用于这门学科"的原点。抓住学习一门学科的窍门，明确它与其他学科的相似点和不同点之后，就能找到对应关系，加快记忆速度。通常情况下，擅长一门学科的学生在学习其他学科时都不会一筹莫展。这是因为他们拥有原点，容易建立坐标。

人在拥有坐标后就能产生自信。相反，没有坐标的人会感到不安。

前段时间我去了印度，从机场打车去研究所时，司机告诉我要 500 卢比。我觉得实在太贵，就说我只出 200 卢比，可是司机坚持最少要 400 卢比。

我见讨论不出结果，就对他说："如果 200 卢比不能成交，就等到了研究所之后，让我问问研究所的人应该给你多少，然后加 30 卢比的小费。"结果等我坐那辆车到了研究所，问门口的保安应该给多少钱时，我不是开玩笑，保安告诉我平时只要 70 卢比。于是我按照约定，加上小费一共给了司机 100 卢比，他只好接受。如果他在我说要给 200 卢比的时候同意，还能多赚 100 卢比。

不过其实我的大脑里并没有印度的地理和物价坐标，完全没办法判断价格，所以我赌目的地有人能告诉我合理的价格，再以此为原点和司机讨价还价。

外交问题是同样的道理。像曾引发热议的日本教科书问题那样，如果不能准确掌握双方的原点，交涉时长就会超出预期。

如果双方都能准确理解对方的原点，交流就会变得更加简单，但是由于双方都在不清楚对方原点的基础上试探，所以就算讨论了细枝末节的问题，也看不到任何进展。

在日常生活中同样如此，如果故意不想得出结论，就可以有意识地模糊原点，不过使用这种技巧时需要格外小心。

建立坐标的思考方法，在记忆和需要基于记忆做出准确判断的领域中卓有成效。在应试教育中学习各门学科时，如果能引入利用坐标记忆的方法，一定会效果显著。

拥有坐标的另一项好处是可以判断自己面对的问题是什么性质，与其他问题有什么关系，就像以星座中的北极星和北斗七星为原点，可以迅速判断出其他星座的位置关系。

另外，不仅是天体，只要在自己的大脑里建立经济、历史、文化等各个领域的坐标，不仅能做出更准确的判断，还能通过移动坐标的原点或者组合不同领域的坐标，产生富有创造性的思路。

兼具"实验微调型"和"假设演绎型"的思考方法

日本的"实验微调型"和美国的"假设演绎型"

以育儿为例，有些家长会带着做实验的态度育儿，认为只要在不顺利的时候逐渐修正，就能把孩子培养好。还有些父母从一开始就建立假设，对于孩子的未来有一个固定的设想，努力培养出接近理想的孩子。一般情况下，大部分家长会同时运用以上两种方式育儿，因此执着于其中一种方式时，必定会出现问题。

如果对比日美的政治和企业运营方式，那么可知总体来说日本属于实验微调型，换句话说就是采用归纳法的思路，而美国则属于假设演绎型。

在美国，因为总统权力很大，所以多数情况下总统会率先大张旗鼓地宣扬自己的展望，然后由负责管理的人们思考如何落实总统的展望，再提出具体方式，传达给每一个相关人员。

可是日本的政府和企业大多不会从一开始就提出宏大的目标和战略，而是会顺其自然、仔细观察，在逐渐看清方向的过程中打好基础、提前沟通，找到所有人都赞成的目标进行努力，在不顺利时一边调整一边推进。

日本人会在统一意见的基础上行动，所以具有灵活性，就算国际形势和经济形势突然发生变化，也能承受冲击，巧妙应对。

"假设演绎型"思考方法会事先设定一个宏大的主题，由于目标明确，能够激发人的积极性，同样有可能取得飞跃式的发展。不过，这种思考方法同样存在危险性，原因在于过度执着于目标，一旦最终遇到挫折就会引发逆反情绪，导致事情朝着完全相反的方向前进，而且面对冲击或许无法巧妙应对。

在育儿问题中，让一个出生在音乐世家的孩子从 3 岁开始学习钢琴，并一定要让他长大后进入音乐大学，最终成为鲁宾斯坦那样的大钢琴家，这就是"假设演绎型"思考方法。与之相对，"实验微调型"思考方法是现在不考虑孩子的未来，如果孩子有兴趣就让他学习钢琴，如果以后孩子厌倦了弹琴，开始对数学产生兴趣的话，就让他参加数学课外班。

孩子或许会在数学领域有所发展。就算没有朝数学领域发展而是回到了音乐领域，成为一名数学很厉害的音乐家，也是一件独特又有趣的事情。随时调整方向，观察并享受育儿的过程，就是实验微调型的思考方法。就算不能取得巨大的成功，因为能随时进行调整，也不至于太失败。

不过，当家长一门心思培养孩子成为大音乐家时，一般情况下在最初都会比较顺利，能迅速提升孩子的音乐水平。如果孩子有这方面的天赋，或许能够培养出超一流的大音乐家。可是如果假设错误，比如孩子在中途实在不愿意坚持，或者没有天赋，父母和孩子的心态都很难调整，孩子有可能陷入绝望。我认识的人中，确实有孩子因此而轻生的案例。大家必须明白，假设演绎型的理想主义伴随着一定程度的危险性。

身处母亲的顺其自然主义和舅舅的理想主义之间

以我个人的情况为例，我的舅舅希望我成为理科学者，更具体地来说，他希望我成为理论物理学家或数学家。他只有一个独生子，所以把自己孩子没能实现的梦想寄托在了我这个侄子的身上。之前我简单提到过，我们家族的人大都是小学毕业的学历，只有他毕业于东京工业大学物理系，是一位工程师。

所以他摆出了明确的"假设演绎型"态度，一直在我耳边宣扬数学和理科的世界是多么有趣，把理想植入到我的心里。对我来说，他的做法大有助益。尽管我当时还不知道什么是学术，不过已经相信那是一个精彩的世界，这个念头成为我之后专心研究学术的一大原动力。

而我的母亲，对我的未来完全抱着顺其自然的态度，属于微调型家长。因此就算我上高中时突然提出对音乐感兴趣，想成为一名音乐家，她也表示赞同。后来我又表示还是想成为一名科学家时，她也欣然接受。因为她的态度，我从来没有在矛盾中纠结。我母亲对孩子的态度是无论将来想做什么都好，只要做一个能好好吃饭的大人就好。我时常在想，在我成为一名数学家的过程中，有舅舅和母亲两个人真好。

只要越过分岔点，微调就会有效

无论选择顺其自然，还是坚持理想，或者选择二者折中，人在漫长的人生道路上，一定会遇到重要的分岔点。人生中有重要节点，在重要节点上一般都会出现分歧。也就是说，在重要节点上的不同选择，会为今后的人生带来巨大的改变。

分岔路口一个非常微妙的差别，就有可能让道路向右或者向左发生巨大的偏移，相当于面对突变的局面。

举例来说，青春期是相当敏感的年龄段。青春期的孩子可能仅仅因为在数学课上受到老师的表扬，就对数学产生了兴趣，想要努力学习；一旦努力学习，取得好成绩的可能性就会提高，继而会在考试中受到表扬；然后越来越自信，越来越有干劲，学习越来越努力。

同样，青春期的孩子有可能因为被数学老师批评而对数学失去兴趣；因为没有兴趣所以不学，于是成绩下降，最后真的学不好，没有干劲，讨厌数学到只要听到数学就想吐的地步。

人生的各个阶段都存在出现分岔现象的重要节点。根据每个人的性格和所处的环境不同，遇到节点的年龄也不相同。比如初中、高中、大学的升学时期，或者搬家转校时，或者父母去世时，在环境出现变化时容易产生分岔节点。

因此以前的人们才会说"要把握住重要节点"。人生中既有必须非常小心的时期，也有不需要太小心也不会犯下大错的时期。发射火箭时，最重要的是点火发射环节，一旦有丝毫偏差，误差就会加倍，成为是否能顺利启动的分岔点。不过只要火箭进入轨道，就可以进行微调。为了能准确无误地通过重要节点，只要发现微小的偏差，就要尽快回到原点重新开始。面对青少年走上歪路的问题，同样要帮助他们在为时已晚前回到原点，修正轨道，这样就不至于犯下大错。

迷路后要回到分岔点

我们在研究数学理论时，常常会遇到重要节点，一不小心就会误入迷途。只要看清分岔点在哪里，就可以不用回到原点重新开始，只要回到误入迷途前的分岔点重新思考就好。爬山也是一样的道理，可以把每个分岔点当成原点，走出一段距离后一旦感觉不对劲，只要返回上一个分岔点就好。

做出是否要"返回"的判断需要勇气，这比我们想象中更难。我们往往无法放弃此前投入的劳动和资金等成本，舍不得放弃千辛万苦获得的成果。

举例来说，假设你认为保龄球会流行，于是开了一家保龄球馆。一项流行趋势中存在转折点，也就是从上升转为下降的分岔点。可是销售机器、设备的厂家不会特意让开球馆的人察觉到分岔点在哪里。我认为和别人讨论分岔点在哪里的意义不大，能够看到保龄球的流行即将过去，在赚一笔后抽身离开的球馆老板还是因为自身拥有优秀的判断力，能够当机立断。

转折点只能由自己决定。如果你以为环境会为你带来转折点，或者能够顺其自然地制造出机会，就会优柔寡断、越陷越深。

在我的研究中，得到广泛认可的"奇点解消"理论同样是我在回顾前人提出的观点后，才找到的自己的新观点。因为此前的相关研究几乎全都陷入迷途，所以如果我沿着前人的脚步继续前进，恐怕会进入相同的迷途。

我也是因为找到了分岔点，做出准确的判断，回到了分岔点，才得以取得成功。

将事物抽象化，找到象征物

抽象化中的"基本原理"和"象征"

在任何学术领域，抽象化的过程都很重要。在我谈到抽象时，讨论的是抽象化的思考方法。

抽象是指发现一个基本原理，即不断剔除具体条件，最终发现具有普遍性的原理。这就是人们在一般情况下对抽象的概念，但我认为抽象还有另一个重要的意义。

那就是"象征"。

现实中发生的事情由各种各样的事物复杂地交织在一起，一眼望去什么都能看到。大多情况下，看到的东西太多，就相当于什么都看不到，也就是说看不到本质。

而"象征"意味着只选取其中最具代表性的部分，形成清楚的认知，其余部分全部舍弃。举例来说，只选取女性的嘴唇，如果能从中感觉到她的魅力，就会认为这是一个有魅力的女人。并不是说嘴唇就是这个女人的全部，而是说嘴唇是她整体感觉的象征。

也就是说，通过选择象征物的方式进行"抽象化"，相当于通过"取舍"让事物变得"单纯清晰"。

在某些情况下，只进行最单纯的理解具有危险性。不过与此同时，简单的理解在准确抓住本质方面能够发挥巨大的作用。

以"地球是球面而不是平面"的思考为例。在将地球当成平面的时代，人们会担心走到某个地方时会从地球上掉下去，而把地球当成球面后，认识和理解地球的方式就发生了天翻地覆的变化。

另外，如果主张地球是球面，或许会有人以地球上有山峰和谷地为例提出反对意见，此时可以引入球体这个单纯清晰的概念来理解地球整体。也就是用球体表示地球，与接近现实相比，更重要的是象征意义。

我认为这种抽象性正是数学或者说整个自然科学领域的有趣之处。

当然，这种抽象性也容易带来一些谎言。

选择效果最好的象征

那么，什么样的问题可以使用象征，又应该选择什么样的象征物呢？虽说地球是圆的，可是只要你住在一个城市里，就很难把自己居住的地方想象成球体的一部分。从象征角度来说，认为地球是平面既没有错，也没有不方便的地方。认为地球是有山峰、有峡谷的平面更简单，在实际生活中也更加方便。

可是当我们来到地球的内侧，或者离开地球飞向宇宙时，认为地球是平面的思考方式就遇到了困难。

身处给定的环境中，在满足必要性和好奇心的范围内，要想准确把握事实，关键在于思考什么是效果最好的象征。

换一种象征方式，就能看到用此前的象征方式所看不到的东西，创造性的理论正是由此产生的。

我认为各种各样的象征方式就是在"抽象化"的过程中出现的。

漫画家可以用简单的线条画出与真人非常相似的人物速写，这是因为他们善于取舍，具备把握人物特征、进行抽象化的才能。我认为山滕章二先生的抽象化能力是漫画家中非常突出的。

另外，让我们来看看记忆力。有的人天生记性好，甚至拥有像照相机一样的记忆力，能将看到的东西全部记住。不过拥有这种能力的人万里挑一，对于我们这种普通人来说，记忆力好的人是善于取舍的人，能够准确地把握事物的象征性特点。

只要能抓住重点，就能将事物简化后再进行记忆，不会轻易忘记，能够清楚地想起，从而以此为基础逐渐重现事物的全貌。

就像想起歌词的开头之后就能自然而然地全部唱出来一样，关注所有歌词的人反而无法唱出一首完整的歌。要看出重点在哪里，只要抓住重点，人就能记住超乎你想象的内容。

不同的人，不同的职业，象征方式有不同的风格。

举例来说，诗人确实具备优秀的象征能力，可以从复杂现象中抓住某些特点，用一句话传达出自己的想法和心境。不过诗人也各有各的独特之处，必须找到只属于自己的风格。

松尾芭蕉的俳句"静寂，蝉声入岩石"，就巧妙地选取了蝉鸣声来象征静寂的情景和氛围。如果看到这首俳句的人经历丰富、感受力强，就能从抽象化的语句中看到诗人身边的具体景象。

"极限分析"是科学发展的原动力

刚才突然提到了与本书内容范围不符的俳句，这在我专业之外，所以暂且不提。在自然科学中，抽象的第一阶段是"分析"。

简单来说，分析就是拆解要素。

举例来说，假设你拿到一篇英语文章，需要背诵后演讲，那初学英语的人靠死记硬背很难记住。这种情况下，从各种不同角度将文章拆解成句子，是最简单有效的方法。

拆解方式多种多样，比如可以分成描述时代背景的部分，描述山川、原野的部分，描述快乐和悲伤的部分，等等。虽然这种方法乍一看比较费工夫，但很方便我们掌握整篇文章，只要最后将各部分综合起来，就能轻松地记住文章的整体结构。

分析方法大致可以分为"象征分析"和"逻辑分析"，二者各有利弊。这里我想为大家介绍的是另一种重要的方法，也是西方科学的特点之一"极限分析"。

文艺复兴后的欧洲，伽利略、开普勒、牛顿、莱布尼茨等科学家、数学家纷纷登场。分析他们的研究后会发现，他们都采用了"极限分析"这种思考方法。

"极限分析"如字面意义所示，将一个问题追究到极限的程度，从而得出非常简单清晰的结论。举例来说，伽利略提出的"自由落体定律"是指在真空状态下，任何物体都受到同等的重力的作用，这与物体的形状、性质、大小、重量无关。

他为了得出这项结论，进行了各种各样的实验，其中之一就是让不同的物体从比萨斜塔上坠落。在水银、水和空气中，都是重量更大的物体下落速度更快，但是速度的差距会大幅缩小。

那么假设一个非常极端的情况，也就是密度为零的情况，即让物体在真空状态下坠落。通过推理可以得出以下结论，即在这种情况下，所有物体的下落速度几乎没有差距。在牛顿推导出万有引力定律的过程中，能看到同样的思考过程。

如今，"极限分析"的思考方法被运用在各种领域中。人们能够心平气和地进行可怕的极限分析，比如如果发生战争的话会发生什么，如果再次出现"昭和经济危机"的话会发生什么，等等。

一边拿着地图走在城市中，一边寻找象征物的益处

刚才我提到了记住整体"结构"，结构这个词看起来很高级，其实概括起来不过是指"选出的元素是如何组合的，元素相互之间有什么样的关系"。

"结构"是一个数学名词，相互之间存在某种"关系"的事物用数学名词来说就是"元素"，当事物的数量为复数时，就有了"结构"。

"关系"有很多种，比如有共同点、没有共同点、相似、不相似、完全对称、一方比另一方更重要，等等。明确相互关系后，可以将不同的组合方式归纳成固定的模式，这些模式就叫作"结构"。

在这些结构中，有一种特殊的，或者说是非常简洁的结构叫作"群"。大家知道数学领域有"群论"这个分支吗？群论研究的就是这种简洁的结构。

结构中的每一个元素分别与其他元素相互作用，结果第二个元素变成了第三个元素，当出现此类关系时，该结构就是"群"。

这是抽象中的象征阶段。抓住象征物，再读一次之前不理解的文章，就能充分理解文章的结构，记忆也变得简单。

同样的道理，漫无目的地走在一座陌生的城市中，很难记住城市的构造，但是拿着地图，在行走过程中找到银行、学校等象征一座城市的大型建筑或广场，就能轻松地掌握城市的整体构造。

尝试将事物转化为图表

尝试将事物转化为图表，是相当有效的抽象方式。

人在想要理解一件事物时，一般情况下需要用眼睛去看。

举例来说，在说明某个案件时，哪怕努力组织语言说明情况，有时也很难向对方传达案件的全貌。但是，如果在说明时画出现场的示意图、展示被害者的照片，对方就能瞬间理解。这就是"百闻不如一见"的情况。

简单来说，"一见"就是用眼睛看，在难以解释的情况中，需要提供可以用视觉捕捉的信息。

用图表展示数据的变化，也能让对方在看到之后迅速理解。

举例来说，当你想要解释从战后到现在每年的通货膨胀趋势时，如果用数字列出每年的物价上升了百分之多少，对方依然无法迅速理解的话，就可以画出图表，变化趋势会变得一目了然。

在课堂上，同样有只靠语言描述难以让学生理解的情况，如果展示了图表，那么大部分学生就能迈出理解的第一步，在课程结束后，学生依然能记住图表的大致形状。

为了让对方留下印象，或者让记忆更加长久，画出图表是一种非常有效的方法。

图表能激发灵感

今天的日本年轻人是看连环画长大的一代，连环画确实比用蹩脚的文笔写成的文章更容易让人留下深刻的印象。

比如武士被刀砍中的场面，只需要画出痛苦的表情，在旁边加一句"啊"，就能让读者瞬间掌握当时的情景，而且对画面留下印象。读者既能迅速理解，还能留下更长久的记忆。

当然，也有人看腻了连环画，或者无法被连环画满足，认为抽象的语言表现更美，或者文章的遣词造句更有魅力。尽管如此，大家都知道读书的第一阶段是借助画面阅读，尤其在幼儿的阅读教育中这种方式效果显著。

　　站在数学家的角度上来说，在遇到问题时用几何学的方法去思考，也就是转化为图形思考，对激发灵感有很大的帮助。转化为图形的方法的优点在于能准确把握问题的本质，同时还能通过各种变形锻炼思维。

　　因此在遇到用算式表现的问题时，不妨试着将问题转化为图形，往往可以找到新的灵感。

　　日常生活中出现的问题同样如此，假如你今天必须前往东京的四处地点，那么方便的做法是将四处地点在地图上标注出来。

　　如果只用语言表达，就需要解释从 A 地点到 B 地点的路线是先向东走几百米，再从 B 地点到 C 地点需要向西走几百米，等等。如果是我，我不会用文字表示，而是会画出四个点的位置关系简图。这样一来更容易记住，就算把笔记忘在了家里，也很少会犯下在本该向西走的地方走到了东边之类的错误。可是如果只用文字记录，则一不小心就会忘记，如果手上没有笔记，很有可能记不清应该向西还是向东。

　　记账本是一样的道理，比如这个月的医疗费用会增加，但不需要花费太多社交费用，就可以将社交费用移作医疗费用，或者孩子从私立高中考入了公立大学，就可以将一部分教育费用移作他用，等等。为了让资金流动看起来更简单易懂，可以按照需求的大小画出一个从上到下面积逐渐增大的金字塔形，这样就能清晰地看出各类支出之间的关系。位于下面的支出有结余时，可以用向上的箭头表示，将其移到上一层，这样就能一目了然地掌握家庭的财务状况。

拥有"全局观"

进行"抽象"操作时，除了可以用象征或转化为图形的方式之外，还有另一个元素，那就是拥有"全局观"。

举例来说，尽管我们很难了解意大利人的全部特点，不过只要对"拉丁民族"有一个整体的概念，有时就能在听说意大利发生的某件事情后，只凭一句"因为他们是拉丁人"就理解和接受。

回顾数学的历史，在各个时代都有优秀的数学家花费数十年的时间，创造出一个又一个理论。如果后来的数学家也像提出理论的人一样花费大量时间研究所有理论，那么他们恐怕没有精力去完成下一个新的飞跃了。

因此，我们需要找到将每个理论总结成一个现成概念的方法，将细枝末节当成"不言自明"的道理，也就是默认自己已经理解，去思考进一步的内容。

就算不理解或者没记住所有关于微分的理论，只要总结出

"微分计算"的概念，在遇到问题时就能轻易想到"这是可以用微分计算解决的问题"。

综上所述，对事物进行抽象化后，会更容易想出通往答案的思路。

"表现"抽象化的事物，让他人"理解"

对于之前提到的"抽象"，我们还需要"表现"。在数学领域，过于抽象的概念同样很难理解，就算逻辑上是正确的也无法理解。这时，只有通过具体问题表现出来，才能真正让他人理解。

比如我已经在上文中介绍过数学领域有"群论"这个分支。

从"群"这一元素的集合中选出元素，考察它们之间存在怎样的关系，能够如何组合，这便是"结构"。但是这种抽象的定义很难理解。

那么让我们尝试将抽象群用选择出来的具体空间运动来表现，比如平面旋转。这时，抽象群就成了通过选择得到的具体运动群，得到了具体的表现。

数学中的表现是指将一个概念用具体清晰的情况重新表达。可以说我们数学家的工作，就是在重复"抽象→表现→抽象→表现"这一脑力劳动过程。

"微分"是抽象化，"积分"是具体化

A 除以 B，会产生既不是 A 也不是 B 的另一个概念

"微分"也是象征化的方法之一，是一种"通过不断舍弃各种具体条件，最终得出一项定律"的数学语言。

举例来说，假设从地点 A 出发沿着某条路线前进，到达地点 B 需要花费一定的时间。这时必须描述很多条件，比如通过的路线是什么样的，距离是多少，最终花费了多少分钟……

将这些条件进行微分后就得到了"速度"的概念。也就是说，用距离除以时间得到的是速度。当我们说"以某速度前进"时，就不需要一一解释 A 地点、B 地点的位置和每一段路程花费的时间，对于了解两个地点和路径的人，只需要说出速度就够了。接下来，沿着不同的路径从 C 到 D 时，"速度"概念是共通的，只需要给出"用和之前同样的速度"，或者"速度是之前的 2 倍"等条件，就能计算出需要花费的时间。

有了速度的概念，只要知道到达 B 地点的时间，就能计算出应该何时从 A 地点出发，像这样将其应用在具体问题中。

"速度"概念舍弃了出发点、终点和两地距离等要素。舍弃这些要素，就可以找到适用于各种情况的概念。这就是"微分的思考方法"。

当具体条件消失时，定律就出现了

再举一个"重力"的概念。所有物体都受到固定的向下的力，这是普遍的概念，这里的"重力"可以换成"加速度"，这同样是"微分"思维。

重力的性质是它作用于一切物体。无论将物体朝正下方扔出还是斜着抛出、向上抛出，物体都会产生方向朝下、数值固定的加速度，最终落向地面。适用于所有场景、与投掷方向等具体条件无关的，就是"物体受到向下的力"。

将微分作为一项计算技巧学习的人应该知道，"常数"的微分结果为零。一次函数自变量进行两次微分计算后为零，图像为抛物线的二次函数进行三次微分后同样为零。

微分就是对方程式进行适当的变形，重复多次后，各种常数会不断变成零消失。各种常数就是"具体条件"，当它们变成零后，最终剩下的就是具备普遍性的定律。

要想得到速度，需要用距离除以时间，但速度既不是时间也不是距离，而是另一个完全不同的概念。

因此可以说，"微分"就是通过除法运算进行的抽象化操作。

积分是实践过程中的具体操作

那么"积分"是什么呢？它是与微分相反，通过乘法运算得出的概念。

举一个更普遍的例子。通常情况下，优质的教育能够培养出优质的人才，这是微分的思考方法。将这个思考具体化，比如"为了进入东大，要考入滩高①""以这个人的能力要想考入滩高，需要在考试前几个月按照一定顺序学习以下内容"，会产生以上这样具体的思路。这就是积分的思考方法。

像松下幸之助这样了不起的人物，尽管他没有接受过完整的学校教育，却拥有比毕业于东京大学的人更加完整、自洽的人生观和世界观。也可以说他在从事商业活动的过程中，接受了优秀的社会教育。

用微分的思考方法来解释，可以得出以下结论，即无论有没

---

① 东大：东京大学的简称。滩高：滩高等学校的简称，位于兵库县神户市的一所私立高中，入学考试严格，是日本高考成绩最好的高中之一。

有上过好学校，优秀的教育都能培养出优秀的人才。用积分的思考方法来解释，则会拘泥于具体方式，比如要上东京大学、滩高等一流高中，这样就会想不到其他路径。

当然在实际行动中，只有大原则往往派不上用场，必须用积分的思考方法提出各种条件，落实到具体行动中。不过，如果有以东京大学为目标这个笼统的结论能激励大家努力学习，产生较好的效果，也不失为一种正确的方式。

首先进行微分，然后进行积分

听到教育家和评论家标榜"教育应该如何如何"的论调时，家长就算心里理解和接受，在实际套用在自己的孩子身上时，必须用积分的思考方法将理论分解为具体思路。如果家长没有做积分的能力，就只能佩服别人提出的教育理论。也就是说，微分是将事物抽象化，发现大原则；积分则是在实践过程中将事物具体化。这两种思考方法在重要性上不分上下，是需要同时具备的两种能力。

如果说教育家、评论家的工作是微分，那么实际接触孩子的老师和家庭就需要完成积分的工作。如果不理解微分（原则），应对变化的能力就会退化。父母往往容易只关注积分，将具体措施误以为是大原则，这会导致他们在失败时无法做出改变，在不知不觉中逐渐积累偏见和错觉。

当我们面对能够影响未来的决定时，首先进行微分（抽象化）思考，然后进行积分（具体化）思考，这样就能厘清思路。

数字式思考优于模拟式思考

数字式思考是革命性的思考

假设现在需要思考一个问题，即如何将一个包子三等分。

首先，想象有一个与包子形状相似的时钟，但这个时钟不是数字式的。先从中心朝 12 点方向下刀，然后分别从 4 点和 8 点方向切开，这样就能完美地将包子三等分。这是一种机智的做法。这种从类似事物类推找到方法的思考，是模拟式思考。

那么如何用数字式思考将圆三等分呢？方法如下。

在圆上用交错的横线和竖线画出格子，然后数出格子的数量，再将格子数三等分。格子的线越细密，三等分的结果越准确，但无论如何都会出现误差。可以说这是一种麻烦又笨拙的方法。

采用模拟式思考时，如果有能够完美套用的先例，就能顺利解决问题，但是如果没有先例就无能为力了。尽管模拟式思考能将圆完美三等分，但是面对有两三个中心的椭圆或葫芦形时，就束手无策了。

数字式思考允许发生误差

但是如果采用数字式思考，无论要等分多么复杂的图形，只要允许微小的误差存在，就能找到合适的方法。

因此，如果回顾计算机的历史，会发现计算机最初都是模拟式的，现在则几乎都变成了数字式的。"细分后数数"的烦琐过程，随着计算机的发展不再成为障碍。计算机能够以人类无法企及的速度和正确率数数，所以一般的问题都能轻松回答。

可以说随着电子工学的发展，用数字式思考解决问题的可能性大增。另外，数字式思考还有一种效果。

以数字时钟为例，假设时钟屏幕显示 3 点 23 分，过了一分钟之后屏幕上的 23 分会突然变成 24 分。这一分钟就是所谓的空白时间。

如果是有表针的老式时钟，那么在 23 分和 24 分之间，长针也会一点一点移动（短针的移动距离很短），并不会出现空白，可以让人大致看出现在的时间更接近 23 分还是 24 分。

但是数字式时钟会从 23 分突然跳到 24 分，看不出现在的时间更接近 23 分还是 24 分，因此可以将这一点当作误差。

利用"空白"进行数字通信

不过从不同的角度来看，想一想是否能够以某种方式利用这段空白，就能想出了不起的用途。

最典型的例子就是通信。用模拟式的方法通信，相当于输送波。波如果和其他波混在一起，就变成了混线，信息会失去意义。

但是用数字式的方法通信，信号可以利用间隔的一分钟来继续传输，所以就能用同一个信号回路同时传输东京时间、纽约时间、巴黎时间等好几个时间信号。

因此，如果想同时传输两条信息，那么就可以将信息分解成数，然后交互发送。接收方可以选择只接收奇数信息，只接收偶数信息，或者分别接收两条信息，这样就能通过同一条回路同时接收不同的信息。

不仅限于两条信息，只要指定接收第六条、第十二条、第十八条等信息，就能用一条线路发送多条信息。

模拟式思考与人类思维相似

数字式思考是无法从人类的本性，或者说人类与生俱来的五感思维方式出发自然而然想到的，它算是一种跳跃性思考方法。

不过，数字式思考能在无限广阔的范围内，为解决问题做出贡献。这是一种划时代的思考方法，对人类来说，这是具有革命性的思考方法。

模拟式思考也同样具备优势。举例来说，就算需要在 2 点 22 分关门，使用老式时钟的话，也可以考虑在分针看起来更偏向 22 分而不是 23 分的时候放人进门。

但当数字时钟出现 2：22 这个数字时，就会禁止进入，没有通融的余地。

对于人类的思考模式而言，模拟式思考是更为自然的。正因为模拟式思考有模糊地带，所以它才更有人性，有利于事情顺利进行。模拟式思考绝不是没有意义的思考方法。

超越数字式的模拟式

既然如此，如果我们希望计算机具备某种程度的创造性，就会发现只用数字式思考一定存在极限。

当然，过去的模拟式思考更加受限，数字式思考方法在解决问题时应用范围更广。不过，如果能够在数字式思考的基础上巧妙加入模糊性，就能产生新的创造。

在掌握新信息的同时，允许正面意义上的模糊性存在，是一种了不起的思考方法。这不是指回到过去那种不准确、容易引发问题的模糊性，而是需要更准确地分析人类思考模式中带有的模糊性的意义和作用。这或许能够成为更深刻地理解人类精神活动的重要线索，是一项重要的研究课题。

发现除不尽的合理性

在大自然中，除不尽的情况占压倒性优势

在数的世界中，除不尽的数（无理数）远多于能除尽的数（有理数）。无理数有"无穷的无穷次方"之多，有理数只是零星散落在无理数之中。

以 $\sqrt{2}$ 为例，它是边长为 1 的正方形的对角线长度，是一个无理数。$\sqrt{3}$ 是面积为 3 的正方形的边长，同样是无理数。

圆周率（π）是 3.14…，是一个无限不循环小数，它已被证明是永远除不尽的。现在，计算机可以将 π 计算到上万位，将来或许可以计算到上亿位。但是对于 π 而言，没有任何人知道它尚未出现的位数上是什么数字。

可是在实际工作中，π 的值只能取到某一位。

不过"除不尽"不仅是一个非常有趣的概念，同样是一件合理的事情。举例来说，假设树枝会按照一定角度旋转排列，树枝上的叶子需要尽可能多地接受阳光的照射。那么假设只有两根树枝，则另一根树枝只需要长在第一根树枝的正对面，也就是与第

一根树枝呈 180 度角的位置就好。

或者假设只有三根树枝，那么三根树枝只需要两两之间呈 120 度角，将一个圆平均分成三份就好。可是如果树再长大一些，再多长出一根树枝的话，那么第四根树枝就会重叠在第一根树枝的正上方了，树枝下方会形成阴影，情况并不理想。

树木无法预测自己能长多大，所以会考虑得更长远，尽可能地朝各个方向伸出树枝。因此，树木为了保证生长过程中没有树枝相互重合，第二根树枝必须长在永远不会被除尽的方位。大自然完美地解决了这个难题。

所以大家不需要为除不尽而烦恼。相反，如果大家在开会时意见过于统一，就会让情况变得完全没有通融的余地。

对孩子来说，最容易上手的学科是算术

在解决问题时，只要找到了焦点，就可以认为基本找到了解决问题的方向。就像拍照时需要对焦，可是如果不确定目标，不知道该以前方的花朵为中心，还是以人脸为中心，或者是否要让背景清晰显现，就没办法对焦。

解决普通问题时，只要人有一定程度的智慧，就很容易凭直觉隐约找到问题的焦点。我认为对孩子来说，最容易找到焦点的

就是算术。

从某种意义上来说，算术的目标很明确。因为很清楚"要解决什么问题，如何解决"，所以容易瞄准。

如果目标明确，那么唯一要做的就是朝着目标全速前进，这种做事方式有助于培养孩子集中注意力。所以在中小学阶段数学成绩好的学生，大部分能够集中注意力学习，其他学科的成绩也比较优秀。

和孩子一起投入

有趣的是，3岁之前的孩子明明天生就能集中注意力，身边的大人却往往会破坏这份能力。在孩子按照自己的节奏思考时，如果有大人在旁边插嘴，说些"这样不行，再快一点""慢慢来"或者"反正你也想不出来"之类的话，孩子就无法集中注意力，形成在投入精力做一件事情时，也要不停担心其他事情的习惯。

如果孩子在专心做一件事情，就不要出声打扰，能做到这一点的就是不错的父母了，更好的父母会和孩子一起投入其中。

举一个非常不幸的例子，小学生做算术时常常会在进位问题上出错。如果身边的大人一直在责备他，说些"上次明明说过了，怎么又做错"之类的话，孩子在每次面对进位问题时就会先感到担心，结果往往会出错。

这种行为相当于对孩子"洗脑"。哪怕父母是出于善意和爱，也会因为过度关注而害了孩子，这确实是一件遗憾的事。孩子会在做题时担心"我会不会又做错"，就算想到了正确答案也没有自信，甚至会因为担心而写出错误答案。

在这一点上，我的母亲在我提出问题时，如果她不知道就会和我一起拼命思考。有一次我问她："人的眼睛明明很小，为什么能看到比眼睛大那么多的东西呢？"在我们一起拼命思考之后，妈妈说："眼睛的问题，医生应该知道。"于是她带我去见医生。那位医生也是一个与众不同的人，画了很多幅图为我解释这个问题，但当时还是孩子的我自然不可能完全理解那些内容。不过这件事教会了我思考的有趣之处。无论有没有能力回答孩子的问题，一个不会轻易回答孩子的问题的母亲，对我来说就是好母亲。

乘法产生质变，加法带来量变

乘法产生质变，加法带来量变

表示面积的单位是平方米（m^2）。意思是米乘以米，米是长度单位，平方米是面积单位。

也就是说，米和米相加只能得到米，相乘后却能出现性质不同的单位"平方米"。长度和长度相乘，能得到性质不同的概念"面积"。

在加法中，长度和长度相加只能得到长度，面积和面积相加也只能得到面积。在乘法中，则可以用速度算出距离，或者用长度算出容积，求出各种不同性质的概念。

用一维的长度加上长度，只能得到一维概念，而用长度乘以长度则可以得到二维的面积，进入不同性质的领域。

因此在收集东京居民意见的时候，如果只用从世田谷区挑选几个人、从涩谷区挑选几个人、从新宿区挑选几个人的方法收集，结果只能像做加法一样收集意见。

可是如果从财经界挑选十个人，从日教组的老师中挑选十个人，从家庭主妇中挑选十个人，让他们在一起讨论，这种方法就不再是加法，而是乘法了。这种方法并不是将每个人的意见相加，而是让日教组的人和财经界的人见面讨论，很多情况下会讨论出每种人群单独分开时，无论如何努力都想不出来的创意。大量日教组的人开会讨论也绝对无法得出的意见，一定会出现在财经界的人和家庭主妇的讨论中，这就是做乘法的方式。

我再多说一句，结婚如果能用乘法的方式也很了不起。丈夫赚多少钱，妻子赚多少钱，一家人一共赚多少钱，这种做加法的方式很枯燥。因为两个人的结合，能够让双方的优势都放大很多倍，这种做乘法的结婚就是理想方式。当然，也有像做减法一样相互抵消的婚姻，在这里就不赘述了。

化学反应比同步更好

我在第2章中也提到了与加法、乘法相关的同步和化学反应，我想在这里重复一遍。

同步（synchronize）是机械工程中表示运动时用到的词语，用在团队合作中时，指的是多个意气相投的人结成一个组织或共同体，几个人团结协作。协作时需要考虑的问题是什么时候应该让步，什么时候应该集中所有人的力量，为此应该如何配置人员，如何让所有配置的人员能够顺利配合，等等。

与之相对的另一种模式是制造化学反应，指的是将个性鲜明、性格不同的人集合成一个团队，团队成员不仅无法同步，甚至有可能吵架。一开始或许无法想象这样一个麻烦的团队会怎么样，不过顺利的话，这种团队或许能够创造出意料之外的成果。

化学反应就像氢和氧结合能够变成水。不懂化学的人就算分别观察、比较了氢和氧，也无法想象二者可以通过化学反应生成水。这是超越乘法的成果。可以说，恋爱就是一种化学反应，是男女这两种不同性质的人碰撞后产生的"燃烧"现象。

在此之前，日本的团队合作在同步方面是世界第一。团队合作中的同步是指组织化的人才配置和协调配合，比如日本企业中的论资排辈和终身雇佣制，尽管近来的年轻人稍稍有些缺乏个性，但是如果同步做得好，综合来说是对企业有利的。

可是，年轻人中同样存在个性非常鲜明、愿意挑战、会突发奇想做出冒险行动的人。此前的日本社会倾向于打压能够产生化学反应、个性鲜明的人，避免他们对同步造成影响。于是日本的学校教育走向了平均化、普通化的方向。

化学反应带来创造

今后将会有越来越多的外国人进入日本，日本人也会出国工作。我想这会带来一些有趣的现象。日本人前往海外，聘用外国员工时，初期规模较小时或许能够统一人心，可是等到规模扩大后就很难做到了。因此只靠日本的同步方式恐怕无法使企业顺利运营，此时就需要擅长创造化学反应的人了。

在大部分全部由日本人组成的企业中，由于日本人具备独特的协调精神，因此这类企业懂得用同步的方式解决问题。但是，如果想要组成一支具备"天马行空的创造性"的团队，只靠同步恐怕会与时代脱节。

在拥有相当明确的目标，需要团结一致、朝着目标前进的情况下，同步是好事，但是如果期待出现意料之外的成果，就像研究霉菌的团队发现了青霉素，那么有化学反应的团队更好。

可是领导有化学反应的团队非常困难，相当于要将完全相反、毫无关系的人们集中在一起，让他们彼此争吵，不过有趣之处在于争吵中或许能够诞生出崭新的成果。

以运动领域的团队合作为例，集中了优秀选手的队伍并不一定能够获胜。美国的曲棍球队如果只看运动员名单，几乎没有希望取胜，可他们却在奥运会中摘得了金牌。报纸上的标题是"这支队伍产生了化学反应"。哪怕每一个单独的成员并不优秀，团队也能产生优秀的化学反应。

"We have chemistry"

纽约一家银行的广告语很幽默，是"We have chemistry"，意思是我们的银行不仅聚集了优秀的员工，而且员工之间还会产生化学反应。也就是说，他们的宣传点在于他们是一家富有创造性的银行。我想，今后彰显创造性会变得越来越重要。

俗话说"三个臭皮匠，赛过诸葛亮"，也有一句话说"三人旅行一人落单"，意思是三个人凑在一起，一定会有一个人被排挤，也就是说会吵架。而前者的意思是三个人聚在一起会产生化学反应，产生超过每个人的个人能力的智慧。

也就是说，优秀的团队不是将每个人的能力相加，而是通过个性的碰撞，产生做乘法的效果。

日本人的优点是具有合作精神，这很重要，不过在即将到来的时代中，哪怕会掀起一些小小的风浪，有化学反应的团队也将发挥出更大的优势。

看透预测失误的"突变理论"

解释"剧变""分岔""反转"

业余的预测往往猜对了是撞大运，猜错了是理所当然。科学的预测则需要抓住基本规律，分析具体现状，进行有逻辑推断的预测。

举一个简单的例子，请大家思考将石头抛向空中的情况。知道"抛出的角度""石头离手时的速度"这两个初始条件后，我们就能根据引力法则预测出几秒后石头的位置。也就是说，只要知道法则和初始条件就能完成预测，这就是"预测的原理"。

"预测的原理"可以用在更普遍的场合中。也就是即使没有充分了解法则和初始条件，只要知道足够精确的近似值，得出的推测就不会有太大偏差。

如果扩大解释后的预测原理完全不适用，即普遍的预测原理失效的情况就叫作"突变"。假设在赤道附近倒一杯水，在杯底开个洞。流出的水应该会形成旋涡，但究竟是右旋还是左旋，只有实际尝试过才会知道。

旋涡右旋还是左旋，是由一开始非常细微的区别决定的。只要一开始没有对洞的形状和方向做特殊处理，现实中就无法预测旋涡的朝向，因为这是由水极其细微的动向等初始条件决定的。

综上所述，自然界中同样存在法则和初始条件有一丁点改变，就能大幅改变结果，甚至带来完全相反的结果的现象。这种情况在社会现象和心理现象中同样随处可见。这种现象就是"突变"。

因此当我们发现一个现象有突变的迹象时，可以考虑它的三个特征。第一个是"剧变"。一个不断被刁难、始终在忍受的人会在某个时间点突然爆发怒火。在这种情况下，剧变就是指这个人忍无可忍的状态。

第二个是"分岔"。水从杯子中流出后形成旋涡的朝向会由于细微的差别，呈现出完全相反的结果。有一句谚语就叫"一犬吠影，百犬吠声"。

第三个是"反转"。该特征指原本朝着某个方向前进，结果突然开始朝相反方向前进的状态，比如股票暴涨后暴跌就是很好的例子。涉及爱憎的心理现象中也有不少反转现象，比如"爱之深，恨之切"。

突变理论同样可以解释社会现象、生命现象

用来表现以上现象的数学模型叫作"突变理论"，它在日本还被翻译为"悲剧理论"。

"突变理论"是用来解释不流畅的变化，也就是不连续现象的理论。该理论或许可以发展成能够解释各种生命现象、社会现象等此前无法预测、变化复杂的现象的新线索。

如果用数学解释突变理论，就算使用完善的理论也过于深奥，所以我在此略过。简单来说，突变理论就是去除一种现象中"量的部分"，表现"质的部分"，即表现现象所呈现出的面貌的模型。

换句话说，突变理论会将拥有相同性质的现象合而为一，描述其"性质"，是一种笼统的模型。

能追溯到古希腊的"动态思考"

直到最近，突变的思考方法才被总结成统一的数学理论，但其背景存在于伽利略和牛顿时代的数学界。如果继续追溯，甚至可以在关注事物"变化"和"变动"的古希腊发现其思想源泉。

从生卒年为约公元前 624 年~公元前 547 年的泰勒斯开始，古希腊在数学和自然科学方面就取得了飞跃式的发展。泰勒斯以各种形式清晰地展现出了古代数学精神。

泰勒斯有两个特点，一个是做理论证明时会不断回归原理。

另一个特点在于应用方面。有一个著名的故事：泰勒斯曾经把一根棍子插在地面上，测量棍子和金字塔的影子的长度，利用相似原理测出了金字塔的高度。

继泰勒斯之后，毕达哥拉斯、希波克拉底、柏拉图、亚里士多德等人纷纷出现，大约三百年后，《几何原本》的作者欧几里得登场。我想强调的是，与古埃及的数学和自然观相比，古希腊的科学家和哲学家们对于变化和变动拥有更加强烈的好奇心和敏感度。

相信"万物流转"的流动说

泰勒斯曾经说过："水是万物本原。"水没有固定的形状，始终在流动，在植物、动物以及一切其他生物中承担重要作用。而且水会在空气中化为水蒸气消失，然后变成雨落下，形成河流汇入大海。泰勒斯从大自然的基本现象中，得出了水是万物本原的思想。

赫拉克利特也曾说过"万物流转";亚里士多德写过关于出现和消亡以及力学问题的书,他在其中使用了"动态"的说法。

古希腊文明虽然受到了埃及和美索不达米亚文明的影响,但埃及和美索不达米亚的数学将三角形、四边形、圆形等明确的形状,也就是静态事物作为考察和研究的对象,而古希腊则对更加模糊、更加动态的事物产生了好奇心,开始将它们作为研究的对象。然而遗憾的是,古希腊的这种思考方法并没有形成能够作为数学这门学问的基础体系,所以没有得到真正的发展。

现代数学诞生的契机是对变化、变动的兴趣

这样的古希腊数学,以及在公元 400 年~公元 500 年引入了零和负数的概念,开始研究二次方程的解法,为代数学制定了原点的古印度数学,终于还是传到了阿拉伯。从 11 世纪开始,各种数学理论在欧洲逐渐传播开来。不久后,意大利开始了文艺复兴运动,影响到整个欧洲,伽利略、牛顿、莱布尼茨等人建立起现代科学中最基础的数学理论。

伽利略提出变化、变动的背后存在力的作用,还留下了一句名言:"大自然这本书是用数学语言写的。"他在《关于两门新科学的对话》一书中写下了发现自由落体定律的经过,清楚地展现

出首先设定极限状态"真空",然后在确立原理后回归现实进行研究的态度。牛顿的"万有引力定律"也继承了他的构想。

牛顿被认为是微积分的创立者,与他在同一时期单独建立微积分学的,是德国数学家莱布尼茨。莱布尼茨曾经说过:"静止是动态之间的平衡状态。"

动态之间的平衡,只要由于某种契机出现些许偏差,就会产生巨大的变化,从静转变为动。可以说与动态相关的思想必然会引出微积分学。

"事实"比"信息"更重要

信息是加入感情成分的故事

信息是基于数据形成的印象或者故事。

近来，"非虚构文学热潮"让"非虚构"题材备受关注，常出现"事实比小说更离奇"的评价。这类题材的优势在于一些离奇的故事其实建立在调查的基础上，是有确凿证据的事实，这一点往往能够打动读者。如果故事是虚构的，那么无论作者如何留意不让笔下的故事让人觉得"事情不可能这么巧"，都会存在缺乏感染力的问题。

然而就算内容是非虚构的，如果它们只是简单的数据罗列，也无法吸引太多读者。如何看待收集到的数据，能够展现出作者的观点。也就是说，非虚构作品应该是作者带入自己的感情，用数据编织而成的故事。

社会上的交流是由事实和虚构共同组成的，缺一不可。如果人们故意隐瞒事实，只提供虚构的报道，那么这个世界的气氛就会像战争时期一样剑拔弩张。

但是如果毫无保留地倾诉事实，世界就会由于失去了幻想、好奇心、感动等人类鲜活的感情，变得像计算机之间的对话一样枯燥无味。

印象是信息提供者的主观想法

因此，尽管在事实中加入感情后的信息很重要，但必须注意的是，提供信息时，必须在一定程度上分清哪些是事实、哪些是自己的主观印象。

印象是提供、撰写信息的人的观点，是主观在发挥作用。虽然正是因为有主观想法所以信息才会变得有趣，可如果读者没有分清事实和虚构的能力，就会引起严重的混乱。

这是信息化时代的一个难点，也是一个恐怖之处。也就是说，哪怕从同一份数据出发，也有可能形成给人的印象完全相反的信息。而且每一种信息都没有歪曲事实，没有撒谎。

对事实进行取舍的方式不同，用不同的方法结合选出的事实，都能给读者带来完全相反的印象，创造出完全不同的故事。

举例来说，假设我们收集了大量现代日本学校教育的数据。通过作者的选择，在罗列数据时暗示因果关系，在解释中加入臆测，既能让读者得出"现在的学校教育彻底荒废了……所以日本的未来一片黑暗"的结论，也能让读者产生"日本的学校教育有领先世界的一面，因此日本人是优秀的，为将日本建成经济大国提供了基础"的印象。

全盘接受信息，认为信息就是事实，是一件非常危险的事情。

有能力建立主观印象的人，快来收集数据吧

我在日本的补习班与学生家长交谈时，会提出一家补习班的优势和危险的一面，比如这家补习班非常适合某种性格的孩子，但是对另一种性格的孩子说不定有害处，于是家长就会问我："老师，您对这家补习班的态度究竟是赞成还是反对呢?"

学生家长听到高维度的解释，比如"因人而异，从某个视角来看是有益的，从另一个视角来看会产生某种形式的害处"后，如果没有自主判断力就会不知道该如何是好。只听到对事实的分析，会让他们无法理解，不知道该如何接受。所以有不少家长在听到"因为是这样，所以绝对是好的""因为是那样，所以绝对不行"之类的判断类信息后会放下心来，进而听从别人的意见行事。

在药店买感冒药时，如果店员自信地推荐一种药绝对有效，

患者就会在暗示的作用下真的感到该药有效。有效利用暗示的效果，同样是做生意的窍门。面对信息量越来越大的现实，我们必须具备准确区分信息和事实的能力。

当我们获取信息时，需要清晰区分事实和进行过故事加工的部分。数据是无法否定的事实，而进行过故事加工的部分只能作为参考。

如果我们只受作者的观点影响，看不到数据，不知道什么是事实的话，就会被信息压垮。无论是面对信息过量还是信息多样的情况，只要我们能够准确抓住事实，就不会陷入混乱。

对于有能力建立主观印象的人来说，获取数据比获取信息更有用。

"事实！事实！"

据说美国前总统肯尼迪在接受下属的汇报时会怒吼："事实！事实！"他要的是事实，不是拙劣的判断，这句话或许是在强调做判断的人是他自己。

当接受信息的一方地位更高，有自己明确的判断标准时，提供信息的人最好尽可能汇报事实，提供经过解释后的信息甚至是一种失礼的行为。

我认识一位美国女性，她是印染专家，有一次她来到日本一家百货商场的领带专柜。她挑选了很多条领带让店员给她拿过来看，店员问她："你要送给多大年龄的人，对方做什么工作？"她生气地说："你只要给我看就好，我自己会选。"虽然日本的店员十分热情，但确实是班门弄斧了。

可是一般情况下，不擅长建立主观印象的人更多，他们不够敏感，就算获得事实也无法读出其中的含义，无法自己做出判断，因此信息对他们来说是必要的，是值得推崇的。但我再说一遍，我们一不小心就会被信息压垮。

误解很少由事实引起，绝大多数情况下是由加入了主观想法的信息引起的。

理解并充分运用现在与未来的"时差"

传递信息需要花时间

在尼克松时代，中美曾采取"越顶外交"，大部分日本人对此很生气，当时经常有朋友问我美国为什么要那样做。

可是那时我在美国，报纸上每天都在报道美国的社会新闻，对我来说这件事情非常顺理成章。

举例来说，有报道称在体育领域，美国人听说中国的乒乓球很强，想和中国比一比，于是这件事成了两国建交的契机。

另外，对美国来说，苏联当时是最大的假想敌，如果能顺利与中国建交，那么美国在国际战略上的立场将轻松不少。

见到以上诸般情况，所有人都能预感到美国不久后将会对中国采取某种行动。

美国与中国交涉前没有和日本商量，在日本人眼里也许有些过分，但是如果日本的报纸能多报道一些美国报纸对中国的态度变化，日本人或许就不会受到那么大的冲击了。但是日本主流媒体的特点决定了他们的想法，他们认为在事态完全清晰之前，传播美国报纸的舆论动向没有好处。

总而言之，传递信息需要花时间。

选择专业时要看清必要的"时差"

如果在思考时没有考虑"时差"，就会遭遇惨痛的失败。

举例来说，假设你得到了一份统计信息，知道现在社会上哪些职业赚钱，于是让孩子报考以这些专业著称的学校。但是孩子学成毕业需要花费好几年的时间，如果不考虑其中的"时差"，就会遭遇惨痛的失败。

就算因为现在医生吃香就让孩子进入大学的医学院，也没有人能清楚地预测等孩子经过实习后终于走上社会时，社会形势会发生什么样的变化。有不少学生只是因为听说医生赚钱而选择学医，美国就出现了不少大学生在学习基础知识的阶段就转到医学院的现象。有不少孩子在从高中进入医科大学，毕业后成为医生的道路上走了捷径，导致美国像样的医院几乎全都满员。

然而，由于社会福利有限，美国开始对医生的税收优惠制度进行改革，再加上医生人数迅速增长，现在已经很难说医生是一个不错的职业了。

在美国还有一个更有意思的现象。

20 世纪 60 年代，肯尼迪大力发展科学，大学里学习数学的学生迅速增加。就连不怎么擅长数学、并不喜欢数学的人也想选择数学专业。甚至有学生说，不学数学的人不会受女生欢迎。

尽管出现了如此可笑的现象，但是等到这批学生毕业时，时代发展的重心已经从科学转到了社会福利，以过去不太显眼的心理学为专业的学生们突然走到了舞台中央。

我成为数学家并没有考虑长远的未来，虽然数学不太能帮我赚钱，但我喜欢数学。我毕业时正好赶上了美国的科学热。研究经费充足、工资上涨，在那股科学热潮退去前，我已经当上了教授，所以得到了远超预期的好处。虽然我完全是出于偶然选择了专业，不过能够认识到这种"时差"的人确实更聪明。

第 4 章
可变思考与教育中的"学习能力"

父母应该拥有能适应孩子的可变坐标

放低姿态，平视孩子的坐标

前一段时间我和朋友聊天，他认为将来改变世界的会是新鲜血液和新的能力，而这些完全依靠母亲来创造。如果母亲在教育子女的过程中目光更长远，从幼儿时期到青年时期都提供亲密的陪伴，应该能够培养出有个性的孩子，与外出工作相比，专注育儿也是一件有创造性的工作。

我也相信母亲在孩子肉体和精神的成长中发挥着无法替代的重大作用，尤其是胎儿时期和幼儿时期。可是母亲将所有精力都放在孩子的成长上是一份巨大的牺牲。

为什么说是牺牲呢？如果真的要给予3岁孩子亲密的陪伴，就必须把自己的视角降低到3岁。拥有3岁孩子的好奇心，用3岁孩子的思维方式观察世界，才能引导3岁的孩子。幼儿园的老师倒是可以放低姿态配合孩子的坐标，但即便是他们这样的专业人士，也只能在工作时间之内做到。

但是孩子的母亲有成年人的兴趣，有成年人关注的问题。母亲自己也有各种成年人的坐标。为了在拥有成年人坐标的同时得到幼儿的坐标，不少女性需要付出辛苦的努力。

越聪明的女性越希望实现自我，很难完全抛下自己的感受和价值观，全心全意投入育儿工作。我认为培养一个能力超过自己的孩子是一份相当辛苦的事业，必须做出巨大的牺牲和奉献。

作为母亲，如果要过一种能够满足成年女性需求的生活，花在孩子身上的时间必然会受到限制。牺牲发挥自身能力的梦想，将一切奉献给孩子究竟有没有价值，应该有不少人对此表示疑惑。

一方面，要想从孩子的幼儿时期到青年时期为其提供亲密的陪伴，在未来培养出孩子的新能力，母亲自己必须拥有聪明的头脑；另一方面，如果是聪明的女性，只要有机会，一定非常希望在社会上发挥自身的能力。

一般情况下，母亲会合理分配留给自己的时间以及在育儿上花费的时间，制订两全其美的计划，保证二者都不会出现严重的失误。

育儿确实是一份富有创造性的工作，正是因为它富有创造性，所以首先，母亲不得不牺牲自己的大部分欲望和兴趣，需要具备相当无私的奉献精神。其次，这份工作伴随着失败的风险，世界上不存在没有风险的创造。

因此绝对安全意味着完全没有创造性。

这里有一个严重的问题。我想大多数母亲会追求"安全性"。很多专心育儿的母亲往往充满母爱，尤其会追求"安全性"。虽然所有母亲都希望孩子成才，但是依然会将孩子的安全成长作为最重要的愿望。

但也有父母更希望孩子能发挥出自己"最大的能力"。

我认为在孩子的成长过程中，尤其是青少年时期的精神成长，既需要追求"安全性"的家长，也需要追求"发挥出最大能力"的家长。如果过度追求做有用的事，危险就会增加；如果只考虑安全性，孩子就无法实现飞跃。

物理学中有名为"不确定性原理"的原理，举例来说，光既有波的性质，也有粒子的性质。如果试图清晰地看到光的波动性，那么就看不到光的粒子性；如果想要清晰地看到光的粒子性，就看不到光的波动性。而光同时拥有两种性质，介于两者之间的状态没有意义。

无论是多么关心子女教育的父母，都应该明白人是有极限的。首先，要考虑的问题是如何在有限的智慧和有限的时间内，在子女教育中投入尽可能多的精力。

育儿同样需要父母提升自己的能力，但提升能力并不简单。

其次，为了让孩子找到自我，需要让他们从各种各样的成年人和朋友身上看到做人的可能性。就连父母也无法预测孩子会在什么地方发现适合自己的可能性。

那么父母该怎么做呢？借助各种人的力量是一个不错的办法。

我母亲贯彻安全主义，核心态度是"孩子只要不受伤、不生病，能健健康康地吃饱饭就好"。

可是我的成长过程中还加入了舅舅的意见。舅舅认为"可以承担风险"，因为他的独生子没有选择成为研究者，而我家一共有兄弟姐妹15个，所以舅舅认为"哪怕有一个孩子能够挑战自我成为学者也好，就算失败了，家里也养得起"。

另外，我的成长过程中还融入了父亲的想法。我父亲是个生意人，非常关注利益，注重实际成果，所以他的思考方法同样成了我的坐标之一。虽然我研究数学考虑的不是金钱的利益，不过依然受到了父亲实用主义的影响，认为好的东西就是好的，有价值的事物很重要。

我母亲经常说自己不聪明，不过我认为她从某个角度来说是一位有智慧的母亲。尽管她自己坚持安全第一，却依然不限制我和在她眼中有些危险的、富有挑战精神的舅舅自由来往。哪怕我去找医生、神职人员聊天，从他们身上受到了比学校教育更多的影响，母亲也并没有过于担心。

不要切断孩子的各种途径

可以说母亲帮助我找到了各种各样的途径，为我打开了广阔的可能性。

也就是说在我的成长过程中，有一个人提倡绝对安全，也有人不惧怕危险，他们共同为我提供了多角度的分工式教育。

最不可取的教育方式是过度保护，害怕自己的孩子受到与自己想法不同的人的影响。举例来说，如果没有胆量让孩子在宿舍生活一年，接受别人好的或坏的影响，就会培养出死气沉沉的孩子。

过度保护带来的最大的危险，是让孩子失去了从多元化的人身上接受多种影响的机会。

以我为例，舅舅的存在给了我发现一种人生可能性的机会。

另外，在过度保护的家庭中长大的懦弱的孩子，有时甚至会走入轻生的绝境。很多青少年轻生是由于不安，我认为他们的不安来源于心中缺少原点。

哪怕是孩子，如果能拥有一个属于自己的原点，就算冒险失败，也能够回到原点。有了能回去的原点，孩子就能尽情冒险了。

心中没有原点会带来强烈的不安。孩子要想找到自己的原点，可以通过以下几种方式。

1. 不要害怕小小的风险，勇于尝试。

2. 发现属于自己的人生可能性。

3. 与和自己不同的人接触，通过对比发现自我。

过度保护会惯坏孩子，这是因为"父母帮孩子做完了所有事情"，最糟糕的情况是"切断了所有其他途径"。这样一来，孩子将无法找到能够适应外界生活的原点。

我有一位朋友的儿子在高中时选择了轻生，看到他留下的遗书，我觉得这孩子思想深刻，也很聪明。他父亲是一名艺术家，会作词作曲，但职业生涯并不顺利，孩子的母亲总说"你父亲不行"，这彻底切断了孩子接受父亲影响的途径。

这位母亲还会跟邻居抱怨"我老公不行……"，于是这又切断了孩子从邻居的角度重新看待父亲的途径。

在我这个外人看来，这位母亲比她的丈夫更聪明、更有野心。也就是说这位母亲自己是一个相当优秀的榜样，但她切断了儿子从其他人身上受到影响的所有可能性，是一种严重的过度保护。

我母亲对我的过度保护也不落于人后，但她的孩子太多，靠自己一个人没办法顾全所有子女，或许正是因为如此，她对其他人的影响保持了开放态度。

如果家里孩子少，那我的母亲也有可能贯彻过度保护的原则，导致发生同样的悲剧。

什么是有智慧的父母呢？理想情况是放低姿态，平视孩子的坐标，和孩子共同成长。但是这一点很难做到，所以至少要让孩子自己摸索属于自己的坐标。

大部分父母发现孩子成长中的变化时会大吃一惊。父母应该注意到孩子坐标悄悄发生的变化，并配合孩子。无法配合孩子变化的家长会成为孩子的负担。

对孩子来说，拥有看不到变化的父母是一种不幸。聪明的父母是拥有"可变坐标"的父母。善于调整的父母能够发现自己的坐标和孩子错开了，然后立刻建立新的坐标。

我的母亲有很多孩子，经验足够丰富，所以善于调整。

孩子当然会受到父母的影响，在此基础上，观察理想的榜样、"反面教材"等各种人生可能性，受其影响后才能找到属于自己的原点，并从原点出发，找到坐标，然后在自己的坐标上画出属于自己的人生曲线。

为孩子的成长提供帮助，看到孩子取得的成果，对于父母来说是一件非常欣慰的事情。育儿是一件相当重要、相当辛苦的事情，也是一件非常开心的事情。一切创造都是如此。

什么是"学习能力"

我考试也考不过滩高学生

从学校毕业后踏入社会的人，无论是做研究还是做生意，经常会发现在学校学到的知识派不上太大的用场。这是众所周知的事情。

成为学者同样如此。自从我把研究当成本职工作后，除了迫于需要学习的内容之外，学校里的知识几乎没有直接起到过作用。

说句题外话，前几天几名京都大学的教授聚会时曾经讨论过如果我们这些人现在参加京都大学的入学考试，究竟能不能及格的话题。首先，一位文科教授表示对于他们来说或许有些困难，然后开玩笑说他觉得我至少能在数学和英语上拿分，应该能勉强考上。

我不认为考试卷上的数学题对我现在的数学研究有帮助，所以那些东西我早就忘记了。不过，我毕竟还在给学生上课，所以会复习，就算不勉强自己得满分，应该至少能得 70 分左右吧。

至于英语，我现在在语言表达上反而有时会忘记日语的说法，因此可能会在翻译题上出错。

另外，英语语法我也忘记了不少，不过我用英语讲课讲了快二十年，写作和理解能力还是很不错的，所以英语考试应该也能拿到 70 分左右。剩下的就是利用成年人的常识一点点挣分，或许能勉强考上京都大学吧。

还有一个与此相关的有趣故事。某家周刊策划了一个项目，想让我和滩高的学生一起比赛做数学高考题，他们认为这是一个不错的内容。他们先询问了滩高的老师，听说被拒绝了。原因是"滩高的学生一定能赢，那样对广中先生就太失礼了"。

我也有同感，抚着胸口心想还好对方拒绝了。如果让现在的滩高学生和我比赛，恐怕我确实会输。因为他们是做高考题的"专家"，而我在这方面相当于一个外行。不过我想，等他们从东京大学或者京都大学毕业后，如果从事医生或者数理科学之外的职业，那么等到两三年后再和我比赛，或许赢的人会是我。

即将参加高考的高中生充分学习了"在规定时间内迅速得出正确答案"的特殊技巧。可是这份特殊技巧同样会在考上大学后随着紧张情绪的缓解，在学生们的兴趣转向其他事情的过程中逐渐烟消云散。到了那时，如果我与他们一决胜负，或许会有胜算。

回到正题，学生时代学到的知识最重要的作用未必是派上实际用场，而是为我们找到本职工作后继续学习做准备，尤其是能够帮助我们做好心理准备。

要说我在学校的数学课上学到了什么，应该说是胆量，即让我不会在听到"数学"这两个字后感到害怕。因为我从上学时开始就喜欢数学，所以在学生时代做好了充分的心理准备，不过在我刚刚走上成为数学家的道路时，必须从头学习所有知识。

因此"学习能力"并非"学习并掌握的知识"，将来能派上用场的能力才是"学习能力"，培养学习能力很有意义。当出现新问题，为了解决问题必须学习必要的知识时，如何迅速并正确地学习及应用知识的能力才是真正的学习能力。只要拥有学习能力，就算知识量再少都不需要害怕。无论从事任何职业，只要拥有学习能力就能取得成功。

说得极端些，我作为数学家，就算要从今天开始做生意，只要拥有学习如何做生意的能力就没问题。或许第一年看起来浑浑噩噩，不过只要从第二年开始掌握足够的做生意的窍门就好。没有学习能力的人无论掌握多少与经济相关的知识，在实际从事营利工作时也不见得会顺利。

与知道肖邦的曲名相比，感受音符的流动才是真正的乐趣

有人说，"学校教育让聪明的人越来越聪明，让愚蠢的人越来越愚蠢"。

为什么愚蠢的人会越来越愚蠢呢？因为他们死记硬背了各种各样的知识，让学习能力越来越差。也就是说，知识导致了成见，影响了新的学习能力的形成。这样的人在接受高等教育后反而会变得愚蠢。

那么应该如何掌握学习能力呢？学习者的目标无论是应试还是其他任何事情都不重要，学习者拼命学习、增加知识，就算会忘记学过的知识也没关系，只有经历过这种貌似无用的过程，才能掌握学习能力。我认为记住后再忘记，正是教育最重要的作用。

因此如果考虑平均值，那么受过高等教育的人更有前途。但这并不是因为他们学到的知识能起到直接作用，而是因为长期的校园学习培养了学习能力。

所以就算不断忘掉学过的知识也没关系，甚至可以说忘掉更好。在不断记住再忘记、记住再忘记的过程中，我们才会明白什么是记忆。只有曾经尝试过记忆，大脑才会变得灵活；大脑无法通过事先留出空间来变得灵活，只能通过不断重复"记住、忘

记"这种过程才能做到。

我们在记忆时会将事物抽象化，抽象化的记忆方式最有用。

举例来说，我们不会佩服一个人能在听过音乐之后记住它的名字。一个人在听到一首曲子之后立刻说出"这是莫扎特的几号作品"，这在答题节目中或许很强，但很难说是真正理解了音乐，而且很可能并没有真正将音乐变成自己的东西，只是在脑子里塞了很多曲名而已。

要想让知识真正变成自己的东西，不能把它们原封不动地塞进脑子里，而是必须对它们进行抽象化处理。以肖邦的音乐为例，要将一首曲子抽象成音符的流动轨迹，让轨迹留在大脑中，真正享受肖邦的音乐，我认为这样的人才是记忆力好的人。

人能够有意识地记住的东西很有限，如果将有意识的记忆空间塞满，大脑就失去了自由度。就算突然听到音乐，也会首先去想这是谁的第几号作品。听到一首新作品时，又会花太多的信息去记住曲名和作曲者，结果失去了听音乐本身的乐趣。

而无论何时听到肖邦的音乐都会感到快乐，就算只能记住快乐的感觉，依然能够享受音乐。因为记住的是一种感觉，所以不会大量占据有意识的记忆空间，于是产生了自由。

一切创造性都源于且只能源于自由。

问题的数量与理解程度成正比

一种解答中包含下一个矛盾

在数学理论中，优秀的解答，往往是能产生更多问题的解答。因为如果一个解答产生很多问题，那正是说明了这种解答可能具有广泛的应用性，可能会发展出新的理论。

眼下的问题解决了，那么遇到另一种情况会怎么样呢？如果能产生诸如此类的新问题，就会让我们产生浓厚的兴趣，从而继续学习。在学校同样如此，解开一道题后，如果能够自己提出相似的题目，就能加深理解。

说句题外话，当日美间产生经济摩擦问题后，日本人对美国经济方面的理解程度快速加深。这是我看了一年日本报纸后的直观感受。

通过经济摩擦，日美两国的相同点与不同点体现得淋漓尽致。我认为从这个角度来说，出现问题是件好事。因此如果日本和印度之间产生某些问题，或许也能够加深日本人对印度的理解。

人与人之间的关系同样如此，之所以会出现吵架后关系变得非常好的情况，正是因为两人互相之间加深了理解。

所以当孩子提出某个问题时，大人应该表示欢迎。最不可取的做法是轻易给出答案，这样会掐断孩子难得萌发的对学术的兴趣萌芽。

假设孩子问："身体在水里为什么会变轻?"大人可能会嫌麻烦，用一句"因为水有浮力"来打发孩子。孩子知道了答案，却毫无用处，并不会加深他们对这个问题的理解。

大人只是用"浮力"这个词描述了现象，并没有对孩子提出的问题做出任何回答。孩子想问的其实是"水里为什么有浮力"。

如果大人的回答能让孩子从这个问题延伸出去，进行"人进入水中后为什么会感受到浮力""物体放进水中后排出的水的重量，就是浮力的大小""因为盐水比淡水密度大，所以浮力应该更大"之类的思考，就是合格的回答。

另外，问题应该可以更进一步，并无限延伸，比如"在空气中也能感受到浮力吗""空气也有重量，应该能够感受到"……优秀的解答能立刻引出下一个矛盾。

学得越多，越能产生更多的问题，什么都不学的人缺乏发现问题的能力。换句话说，学习必须发现问题。问题的多少同样是衡量理解程度的标准。

明白自己无知之处的人能够取得进步

我观察进入研究生院的学生时发现，有些一开始懂很多东西、看起来很聪明的学生在两三年后却没有进步，而一开始连最简单的内容都不知道的学生反而进步很大。

踏踏实实进步的人有一个决定性的特征，即他们明白"我现在知道什么，不知道什么"。相反，不知道自己的无知之处，不懂装懂的人不会取得进步。面对不懂装懂的人，指导者需要费很大功夫才能看透他们其实并不懂。让一个半瓶子晃荡的人真正理解知识，比从头教起更加困难。

所以在研究生考试中，与其考学生知道什么，不如让他们写出自己不懂的地方、有疑问的事情，这更有助于老师判断学生的可塑性。与其出一道"请论述日美关系"的题，让学生写出含糊的答案，不如出一道"请列举你在日美关系中不理解的部分"的题，更能清晰地看到学生对这个问题的理解程度。

能够清楚地说出自己不懂之处的人，教起来非常轻松，学生也能得到自己想要的东西，因此能够更加敏锐地主动接受信息。但是对任何事情都一知半解的人，无论老师说什么都无法受到启发。

一个人明白自己现在不知道什么，说明这个人"具备分析能力"。就算现在什么都不懂，但是具备分析问题的能力，明白自己不知道什么的人依然很优秀。

据说精通一个领域的人，在其他领域也能迅速提高水平。以画家为例，假设一位画家想要学一学音乐。尽管他的音乐知识为零，但是由于他很清楚如何从绘画的角度分析问题，因此同样很容易从音乐的角度分析问题，能够敏锐地主动提出问题。这就是精通一个领域的优点。

就算面对与自己毫不相关的领域，有清晰的思考模式的人也能立刻掌握自己在该领域之中的无知之处。

因此可以说，实际上什么都不懂的人有一个特点，那就是以为自己什么都懂。

这种情况同样适用于更加年轻的人。比如有两个孩子，如果一个明明不知道却说自己知道，另一个能清楚地明白自己不知道，那么我就能够预测到他们未来的发展。

教育可能会起到负面作用

教育可能会对一个人起到正面作用，也有可能对一个人起到负面作用。

"教育变成阻碍"听起来像在说笑，但确实存在这种情况，因为一个人明白自己知道什么，就能明白自己不知道什么。教育成为阻碍的情况指的是受教育的人对一件事情一知半解，无法回到一张白纸的状态来提出问题。如果什么都不知道，反而能发现意想不到的观点，至少学习的速度会非常快。

教育当然同样能对一个人产生正面作用。这样的人会因为掌握了各种各样的知识，对原本不懂的事情理解得越来越清楚。知道越多、问题越多的人，就是会从教育中获益，不会让教育成为阻碍的人。

我和阪大医院的脑外科医生交谈后得知，在现在的医学领域，会从多角度拍摄大脑的截面照片，再用计算机合成立体影像，于是出现在大脑每个部分的现象都能一目了然。我问他："以人类现在的科学水平，对大脑的疾病了解多少？"医生给出的答案是"大约5%"。也就是说，大脑还有95%的部分我们并不了解，这件事情让我感到吃惊。但我对脑科学充满期待，因为他们明白自己不懂的地方在哪里。

合适的教学计划可以实现"精熟学习"

使用适合孩子的教学计划，就能实现精熟学习

让孩子彻底掌握知识，实现精熟学习（Mastery Learning）非常重要，但是要想利用学校教育实现，则存在各种问题——至少在不彻底改变日本现有教育方式的情况下无法实现。

首先，老师应该更扎实地掌握自己要教的内容，能够选择"什么内容重要，什么内容没那么重要"。认为教科书上的东西全都同样重要的老师，对这门学科的认识依然太幼稚，这种说法并不过分。

只是将所有写在教科书上的内容走马观花地过一遍的老师，最终无法让学生理解任何一项内容，甚至无法让学生留下印象。只有知道什么是真正重要的知识的老师，才能抓住重点，让学生充分理解重点。只要充分理解了重点部分，其余部分就能自然而然地顺利掌握了。

另外，要想解开一道数学题，有的孩子只需要3步就能理解内容，有的孩子需要拆解得更细致，也许要用30步才能理解。

老师必须看清学生的差异，实施符合学生能力的"可变教育"。要做到这一点，老师必须做出不小的努力。为了培养出能抓住重点的老师，首先必须在对老师的教育中让他们亲身感受到什么是因材施教。

一位教育专家说过："一般情况下，所有孩子只要上过大学，就能充分掌握学习能力。只是有的孩子需要花二十年甚至二十五年之久，有的孩子或许只需要十五年就能掌握。只要考虑到孩子所处环境中的各种条件，配合这些条件为每个孩子量身定制教学计划，就一定能让孩子掌握学习能力。"

在现行教育制度中，孩子学到一定的程度就会从小学毕业，学完固定的内容后就会从初中毕业，很难针对个人制订长期教学计划。如果不能依靠学校实现这种方式，或许可以让学生从小在家庭里进行补充学习。

为了避免出现差生，最差的方法是降低难度

大多数情况下，要想实施高效教育，需要采取和学习围棋、将棋时相同的方法，即让孩子以比自己水平更高的人为目标。

如果要提高围棋水平，最快的捷径是与能赢自己一两目的对手对弈。等到水平和对方旗鼓相当时，再继续寻找能赢自己一两

目的人，这种方法能迅速提高水平。棋盘上的九个黑点叫"星"，如果水平相差太大，可以让水平低一些的人在九个星上各放一子。如果差距更大，则可以再各加一子。这就是让子，如果我们和水平与自己相距甚远、需要对方让子的人对弈的话，就算赢了也是因为这种特殊的让步，并不能从中得到很好的学习。

经常和能赢自己一两目的对手对弈是好事，不过反过来看，如果和比自己水平差一些的人对弈，自己的水平就会逐渐下降，这或许并不是一件好事。

让子与"差生"问题大同小异，不想让班里出现差生时，最差的方法是统一降低难度。我能保证，就算为了几名差生稍稍降低些难度，依然会落下几名差生，统一降低难度是最没用的方法。

就算在现有难度的基础上有学生跟不上，对他们进行额外指导就行了。会抓重点的老师，会告诉孩子们就算不能全部掌握也没关系，只要抓住重点就好。这样的话，孩子们就会轻松很多。

要是让我再多提一些要求的话，我希望能让理解现有内容的孩子多学一些，因为如果放着水平超过现有难度的孩子不管，他们的水平就会下降到现有难度。总之，家长不要觉得差生这个词不好听，听说自己的孩子要补习，也不要过多担心。

补习并不可耻，只当是孩子的类型不同就好。如果家长和老师的思维拘泥在一维的优劣关系中，就会在孩子稍稍落后一点时为他们贴上"没用"的标签。

差生是排序带来的结果

人类是生物，当然会存在个人差异和强弱之分。虽然这不是优劣关系排序的因素，但是如果有人因为这个因素所导致的落后而感到羞耻，就会越来越落后。

造成差生出现的元凶，是按照一维优劣关系进行的排序，以及平等平均主义盛行的环境。我们应该用更多元的眼光，看待孩子的成长空间和个性。

爱因斯坦被称为天才，但他属于大器晚成的类型，他还具有另一个特点，即喜欢进行细致的慢思考。据说爱迪生小时候也被当成低能儿，因为在学校学习"1+1=2"的时候他会问一句"为什么"。教育中重要的是把每个孩子当成独立的个体。

简单地将每一门课的分数相加，因为0.5分的差距就划分出及格和不及格的区别，并认为这就是公平和客观，这种想法是不正常的。

另外，差生不仅仅是落后的学生，一部分学习很好的孩子接受了平均化的教育后，会失去对学习的兴趣，进而制造出反面的差生。

假如有人在年轻时，数理学科的成绩不断提高，这样的人也可能有不擅长的科目，总成绩迟迟无法提高。哈佛大学大约每隔一年就会有一个 16 岁考上研究生的人。在美国，优秀的人会越来越领先。虽然这些人不会全部成为优秀的数学家，但是美国有好几个 30 岁左右就被誉为"最强大脑"的人。他们从小就认为努力学习是一件轻松的事情，甚至是一项有趣的游戏。

在数理科学领域，早早掌握专业知识，就能在精力最旺盛的二三十岁时全心全意投入创造性的研究。

以日本现有的学校教育系统是做不到这一点的，所以我希望将非常优秀的日本高中生带到美国，让他们在大学接受一到两年的教育，然后进入研究生院。虽然这些开窍早的孩子是特例，不过我认为最重要的是不能用错误的一维评价体系衡量学生，把任何孩子当成差生，而是应该更注重每个孩子的个性。

"弃子"才是创造的条件

矛盾带来最终的共赢

我在美国的某次聚会上演讲时，曾经提到了关于"矛盾"的话题。

在英语中，表示矛盾的词是"contradiction"，有"说出反对意见"的意思。说出与之前所说的内容完全相反的内容，二者中一定有一项是正确的，这就是 contradiction。

但是日本所说的"矛盾"源于一则中国故事，和单纯的"内容完全相反"的意思有些区别。

在那则中国故事里，一位商人进城做生意，夸口说自己的盾很坚硬，没有任何一支矛能刺破，同样是这位商人，又说自己的矛很锐利，能够刺穿所有盾牌。人们笑着说这叫矛盾，但我感觉这位商人的话完全没有英语中 contradiction 的意思，他想说的只是自己的矛和盾都很厉害而已。这样的表现称得上优秀的销售员。

同一个人夸赞自己所售的矛和盾，大家或许会笑话他，但普通的销售员都在做同样的事情。只要避免同时说出这两句话，哪怕是同一个人在从卖矛的公司跳槽到卖盾的公司之后，说出和中国故事中卖矛盾的商人一样的话也没有错。热情不足、不想制造最好的产品的员工是没有未来的。可以说这本来就是销售员的销售技巧之一。

站在公司的角度来说，长矛公司的总经理会要求员工造出能刺破任何盾牌的矛，盾牌公司的总经理也会要求员工制造出能挡住任何长矛的盾牌，这很正常。

想到这里，东方的"矛盾"指的并不是采取完全相反的行为，而是想要制造出更好的事物，是积极的、具有创造性的矛盾。

其实要想让事物进步，矛盾的能量是必要的。出现一支锋利的长矛后，盾牌公司的人就不能虚度时光，必须努力制造更坚硬的盾牌，这样才会促进公司的进步和发展。结果，这种矛盾为双方制造了努力的动机。

矛盾这个词中包含着变化和进步的动力。就像有落差的地方才有瀑布一样，矛盾会带来落差，落差会产生动力。矛盾自然与"完全相反又不做任何处理，仿佛戴上了脚铐"的状态不同，我认为我们不应该害怕矛盾，反而应该欢迎矛盾。

以这样的思路看待矛盾，我认为在孩子的初等教育阶段，大量"弃子式"的教育在后期会产生效果。

在初等教育中，"弃子"的效果显著

我上学时经常下围棋，在美国也受邀下过几盘。即使是现在，如果看到报纸上出现珍珑棋局，我也会专心致志地研究。

围棋中有"弃子"这种策略。最初布局时，双方基本上会根据直觉落子，只能预测到这些棋子后期或许会派上用场。因为不知道最初的布局在最后关头会如何发挥作用，所以其中也会出现被放弃的棋子（弃子）。

让我们想一想弃子是否具有更大的意义。如果能在一枚棋子吸引了对方的注意时，在其他位置吃到对方更多的子，那么弃子就绝对不是无谓的浪费。

子女教育同样如此，小时候的教育就是所谓最初布局，最好尽可能放上更多优质的弃子。可是如果费尽心力思考如何避免弃子被对方吃掉，就会力不从心，在其他地方蒙受巨大的损失。

假设你想将孩子培养成未来的钢琴家，为此必须让孩子在比赛中获胜，无论如何都要让孩子在音乐大学的入学考试中取得出众的成绩，这就是过分拘泥于结果的做法。这样一来必然会力不从心，甚至有可能培养出尽管演奏音乐的水平很高，却讨厌音乐的孩子。

父母可以把孩子在 5 岁时参加的比赛当成一枚弃子，就算输掉比赛，参与本身也是一次经历，绝对不是浪费。重要的是以更长远的眼光看待问题。

有的孩子在 10 岁前慢慢吞吞，10 岁以后开始迅速成长，我认为在 6 岁时对这样的孩子采取高压式教育是糟糕的做法。有的孩子适合在 6 岁时接受高压式教育，但是对于不适合高压式教育的孩子来说，这样做恐怕会招致危险的后果。

虽说要想培养出天才，确实要做好心理准备，承担一定程度的风险，可是作为家长的你要清楚，无论你的孩子多么优秀，高压式教育都有可能给孩子带来危险。

现在假设让一个对钢琴有兴趣的孩子以参加 5 岁组的比赛为目标努力。如果得奖自然是好事，如果失败，孩子可能会因此讨厌钢琴，想要成为一名优秀的数学家。那么钢琴练习就成了优质的弃子。

从小就为孩子安排各种优质弃子是件好事。不放置任何弃子的行为是放任，但是最好不要太拘泥于这些弃子。要是拘泥于弃子，搞不好会受到致命伤。

只要播下很多颗种子，一定至少会有一颗结出美味的果实。

如果你的孩子具有可塑性，这种方法的效果一定更好。

如果固执地认为播下的种子一定要全部发芽，那么可能所有的种子都不会发芽。

最近的科学开始与艺术领域建立了相当深的联系，就像计算机与音响合成器的关系一样。

假设一位毕业于理科大学的学生进入报社后成了一名科学记者。如果他小时候学过一段时间钢琴，那么做音响合成器的采访时就能迅速理解采访内容，因为他曾经有一颗相关的弃子。

但是重点在于弃子一定是在某个时期拼命努力过的事情，从一开始就认为反正将来派不上用场，带着放弃的心态随手放下的弃子是起不到效果的。乍一看我的说法似乎相互矛盾，其实正是这份矛盾，为孩子的茁壮成长提供了必要的动力。

孩子对算术的厌恶中包含着骄傲

乘法和分数是孩子讨厌数学的起点

经常有学生的母亲来问我："孩子讨厌数学，该怎么办？"我每次都会告诉她们，孩子不擅长数学，说明孩子的大脑发育得很健康。这并不是讽刺，也不是标新立异，因为在生物界中存在一种现象，越低级的生物数感越强，越高级的生物数感越弱，具体原因我会在后文中解释。

在进入本节的话题之前，请大家想一想：孩子究竟为什么会讨厌数学？原因当然多种多样，其中之一在于教的人。最重要的原因在于数学老师自己对数学没有兴趣，所以无法将数学思维的趣味和愉快之处传达给孩子。

我在第 3 章中已经说过这一点，在这里就不重复了，我认为孩子们最初讨厌算术，应该是从乘法开始的。

举例来说，现在有 5 列苹果，每一列分别有 5 个苹果，一共有多少个苹果呢？孩子会把苹果一个一个加起来，得到答案 25 个，而大人们却让他们背诵乘法口诀，记住要用"五五二十五"

计算出 25，所以孩子们心中会萌发出讨厌数学的想法。

因为让孩子理解把苹果一个一个加起来绝对没问题，可是在孩子们的日常经验中，并没有 5 个乘以 5 个能得到 25 个的概念，所以他们不明白其中的含义。如果老师能告诉孩子这是因为一共有 5 列苹果，2 列是 10 个，4 列是 20 个，所以 5 列是 25 个，而不是让孩子死记硬背"五五二十五"的话，孩子理解乘法的含义就会容易得多。

而在乘法上遇到的困难，与将孩子们推向讨厌数学的境地的分数相比，不过是小菜一碟。

一位女性评论家毕业于东京大学物理系，她的女儿今年并没有太努力复习，就顺利考上了东京大学，所以有人问她给女儿使用了什么样的学习方法。这位评论家说她完全采取放任的态度，从来没有为女儿的学习操过心。只有一次，女儿上小学的时候说自己不懂分数，于是她耐心教会了女儿分数的乘除法。她的话让我恍然大悟。

孩子确实能从平时分享水果的过程中，理解什么是 1/4 个苹果、什么是 1/5 个苹果。但是，一旦说到 1/4 的 1/5 是 1/20，也就是说将两个分数的分子和分母分别相乘得到 1/20，很多孩子就已经跟不上了。

因为这种解释方法的背后没有日常经验的支撑，所以孩子们无法理解这种情况。很多孩子都是在不理解含义的基础上，机械性地记住要把分子和分母分别相乘的。

脱离现实生活中的物品的数的抽象概念本身与现实已没有交集，所以抽象与抽象叠加后，大多会让孩子变得讨厌数学。

越高级的生物数感越弱

大家知道乌鸦实验吗？因为乌鸦很吵，所以人类为了杀死乌鸦，在鸟巢旁边建起箭楼。但是当有人在箭楼里时，乌鸦就不会回巢。于是有 2 个人登上箭楼，接下来 1 个人离开，1 个人藏起来。即使如此，乌鸦依然不会回巢，于是人类派出 3 个人登楼，2 个人离开，可乌鸦依然不靠近鸟巢。后来发展到 5 个人登楼 4 个人离开时，乌鸦终于来到了鸟巢旁边，人类得以杀死乌鸦。这个故事说明乌鸦能够数到 4，却数不到 5。

另外，有一些品种的蜜蜂能准确地在 24 颗卵外放置食物。有些昆虫可以准确无误地在每颗孵化为雌性的卵旁放 10 粒食物，在每颗孵化为雄性的卵旁放 5 粒食物。

出现这种现象或许是因为与单独行动的生物相比，采取集体行动的生物的数感更敏锐。狗、猫等生物在这方面的感觉确实更模糊，母亲给幼崽喂奶时，就会出现吃很多的幼崽和没有吃到的幼崽，结果它们在成长过程中表现出巨大的个体差异。也就是说，按照昆虫、鸟类、家畜、人类的顺序，好似出现了随着生物越来越高级，对数的感觉越来越不敏感的现象。

从这个话题向外延伸一些，虽然有些牵强，但是在人类中，或许也可以认为越低级的人对数越敏感，越高级的人数感越弱。也就是说，数感越好的人在生物学上进化越不充分，而越擅长文学和艺术的人进化程度越高。如果当真如此，那么我们这些以摆弄数为生的人就成了当前人类中最低等的生物，真是让人有些难以接受。

总而言之，大家完全不需要因为不擅长算术、讨厌数学而烦恼，相反，完全可以把这件事当成你作为生物，头脑进化得更完善的证据，这样更有利于心理健康。另外，擅长数学的人在拥有发达头脑的基础上，还通过学习找回了失去的数感，所以相当于如虎添翼，这种想法同样有利于心理健康。

数是从现实中抽象出来的概念，要彻底理解数的含义，然后进入数学的下一个阶段，这并非一件容易的事。

那么，想让孩子对数学产生兴趣，需要做到两件事。第一，举例，将抽象概念与现实事物对应，让孩子根据经验理解数的含义。第二，接受抽象概念，把数的运算当成机械的、抽象的技巧记住，也就是说我们需要习惯这项技巧。人类与其他生物不同，在逐渐熟悉数的过程中，能够出于对知识的好奇心磨炼数感。不过要是希望人类变得像计算机那样，就相当于希望人类变成昆虫了。

越接近顶点，越看不见目标

站在顶点的人的意见有风险

我是因为仰慕汤川秀树老师才进入了京都大学，想要学习理论物理学的。可是听过汤川老师的演讲后，我放弃了成为一名物理学家。当然，虽说这是因为我决心选择数学而不是理论物理，但这不过是借口而已。汤川老师在演讲中说："物理学的尽头就在不远的将来。"对于初出茅庐的我来说，这句话让我感受到了强烈的虚无，从而大失所望。

当然，汤川老师在年轻时一定对物理学抱有非常大的期待。当时尚且幼稚的我只能单纯地理解为，随着他步入晚年，开始将热情转向维护世界和平的运动，或许已经失去了物理学的梦想。

我至今依然记得当时的想法，年轻的我认为，如果跟随这样的老师，抱着物理学即将走到尽头的心态，踌躇不定地研究物理，那我恐怕无法成为能够独当一面的物理学家。

另外，我上大三时下定决心成为一名数学家，在我左思右想不知选择数学中的哪个领域时，参加了数学家冈洁老师的课程。

只听了两节，我就感到自己不应该追随他。

冈洁老师年轻时发现了一项了不起的定理——"冈氏基本辅助定理"，后来为"多复变函数论"做出了划时代的贡献。我听说他找到了重要的起点，却在发表成果前格外担心会不会有人比自己更早完成证明。在我上学时，我对冈洁老师的印象是，他是与我们完全不同的天才，有过不少偏激、不合常理的发言。

冈洁老师上课时，也多次说过"问题会在抛弃一切时突然解决""思考数学问题时要先坐禅"之类的话。现在的我能够充分理解他当时的境界，但学生时代的我认为这些话虚无缥缈，实在无法产生共鸣，所以在听过两节冈洁老师的课之后，就果断放弃了。后来，我离开冈洁老师，与他保持距离，只学习他的数学理论，现在我依然认为那个决定对我的成长有益。

年轻人最好明白，"把已经到达顶点的人的言论照单全收是有风险的"。

到达顶点的人已经把一门学科融会贯通，消化了所有学过的技术和知识，到达了只属于自己的境界。如果我们这些知识和经验尚浅的人听了大师们描述自己心境的话语后照单全收，并去模仿的话，则不会有任何好处。

有一次，我在看一篇王贞治教练在球员时代的采访，他说：

"我击球时抱着把球击落在地的想法。"我是棒球外行，觉得他说得有道理，可要是想要开始学棒球的新手依此言论照本宣科，别说打出本垒打了，恐怕球都会直接落地。

王贞治已经打出了本垒打的世界纪录，拥有足够的技术和体力，只有达到了他的境界，才能用"把球击落"的力量将球高高打出。

他嘴上说着击落，其实却打出了本垒打。技术平凡的人很难理解他话中"抱着……想法"的含义。

所以如果是一位棒球选手或者教练，在状态低迷时听到他的话或许能恍然大悟，明白其中的含义，但是高中棒球部水平的人如果囫囵吞枣地接受，本来凭借自己的水平偶尔能打出一记本垒打的人，恐怕也连一记都打不出来了。

将高高在上、水平远超自己的人当成抽象的目标，当成未来的榜样是有意义的，但是太靠近他们，把他们当成现实的目标是危险的。

最好将目标置于理想与现实之间

我再举一个例子。我和哲学家梅元猛多次借对谈的机会见面，他说自己每隔十年，就会投入一个大的研究主题。从古代学到柿本人麻吕论，再到现在的日语溯源。他的这番话同样需要解释。

投入某项大的主题研究时，我们必须拿出十足的干劲，把它当成自己终生的事业。如果一开始就不以为然，觉得自己只需要花十年就能解决问题，恐怕终其一生都拿不出像样的成果。

我认为梅元先生的那番话是说给他自己听的。

他专心研究时执念很深，所以为了证明他自己提出的"日语的源头是阿伊努语"的假设，会强行寻找各种证据。

像他这样充满激情的研究者若是全心全意投入一个主题，或许会看不见其他任何东西。当他到达顶峰后，就算这个主题依然充满魅力，但是如果不能强行抽离，就无法完成下一次飞跃。在我看来，梅元先生正是因为明白这一点，才对自己说出了那番话。

可是在从事普通的创造性活动时，最不可取的行为就是在到达山顶前，仅仅因为花了好几年依然没有进展就甩手不干。

学习现成的知识时，进步是肉眼可见的，我们能清晰地感觉到水平直线上升，所以会充满干劲。但是，进行创造性活动则完全不同，我们往往会陷入漫长的低迷期，看不到任何希望，就在万分沮丧时，有一天光明突然出现，取得飞跃性的进展。所以如果在看不到任何希望时放弃，之前取得的成果就全部白费了。

绝对不要在距离山顶只有 100 米时下山

假设现在有一个挑战活动的主题是"在比叡山顶眺望京都"，即便登山者已经来到了距离山顶只有 100 米的位置，但如果在此处下山，就不能算达成了目标，之前的努力都是白费，完全不符合在真正的山顶眺望京都的主题。

所以中途放弃是一件非常糊涂的事情，然而有很多研究者会选择放弃。原因在于绝大多数研究者并不具备创造力，他们的结局就是中途下山。

富有创造力的人非常固执，绝不会在距离终点只有 100 米的地方放弃，但缺乏热情的研究者总会半途而废。这是为什么呢？

一个原因是，越靠近山顶，人们越看不到山顶。山顶云雾缭绕、绿树成荫。也就是说，人在即将达成目标时，最容易失去目标。

我刚才提到的创造性活动绝不会沿一条直线顺利前进，所以有上坡也有下坡。就像要挖一条长长的隧道，如果没有挖到能隐约看到对面有光透出的地方，就看不到成果，人们大多会在挖到下坡路时放弃。

创造，需要足够的坚持和勇气。

说句题外话，正是因为如此，比自己厉害太多的人可以成为理想中的目标，却不能成为实践中的目标。

提高围棋水平时同样如此，最有效的方法是选择能赢自己一两目的对手，下到能和他旗鼓相当为止。

有人认为理想越远大越好，但也有一种思考方法是取理想与现实的中点。理想是理想，如果不看清现实就会浮在空中，因此当我们感受到理想和现实之间的差距时，最好能找到二者的中点。

如果中点依然与现实相距甚远，就需要继续从中点出发，向下寻找下一个中点。若是你已经达到了这一个中点，就从这里出发向上寻找中点。

我希望大家学会这种方法，来寻找自己的目标。

掌握"融合的能量"

四季的反差越大，风景越美；人类亦然

回到日本后，我深切地感觉到四季的变化，每个季节都各有各的美。

在美国，哈佛大学所在的波士顿纬度与札幌相当，所以冬天大雪纷飞，夏天暑热难当。不过位于旧金山的伯克利终年气候温暖，总是鲜花盛开，有四季如春的感觉，就连哈佛大学的教授们都把那里当成理想乡，如果能休个长假，他们就想在伯克利住上一年。

有一位从加州大学伯克利分校被挖到哈佛大学的数学教授，一开始，由于波士顿冬天寒冷积雪，他感到很不好受。

但是到了4月，冰消雪融，树木全都开始发芽，枝头冒出淡淡的粉色，然后不出一个星期就绿意初显。再过半个月后，更是一片青翠欲滴的景象。

冬去春来时瞬息万变的景色让他感慨万千，他表示自己再也不想回到四季如春的伯克利了，只有看到季节的变化，才能真实

地感到自己活着。

后来，他在经历过夏季的暑热，看着新绿逐渐变成墨绿，闻到草木散发出浓烈的香气后，又见证了突如其来的寒意让叶子迅速变红，感受到了仿佛让整座大山都燃烧起来一般的秋季。

他第一次亲眼见到四季的巨变，从中感受到了巨大的魅力。

我认为四季变化越剧烈，落差越大，产生的动力越大，风景越美。所以充满魅力的人往往是矛盾的。

另外，可以说能够吸引男性的女性，都是反差很大的女性。当然，如果男性自己身上不具备与对方旗鼓相当的反差，就会有适得其反的危险……

稍微岔开一下话题，只要人还活在世上，内心就必须具备矛盾、落差以及融合的能力，只有这样才能产生巨大的能量。

举例来说，打开一个装有乙醚的瓶子，乙醚会扩散消失。如果瓶口附近有某种物质遮挡，那么当乙醚与该物质相遇时就会形成旋涡，从而形成新的结构。当然，乙醚最终依然会消失在形成旋涡的地方，不过只要不在乎它是否是绝对的存在、能否永远留存下去，那么旋涡本身就是一种存在。它不仅仅是乙醚分子的集合，而是具有明确特征、作为旋涡的全新存在。

我认为运动本身具有生命。人这一生或许如白驹过隙，就像乙醚在打开瓶口后会瞬间扩散消失一样，但是我认为无动于衷地等待扩散消失，与卷起旋涡、留下不可磨灭的痕迹后死去有天壤之别。

只有繁殖的欲望能颠覆热力学定律

现在请大家将一瓶乙醚扩散消失的现象扩大到整个地球的规模。谈到进化，生物变得越来越高级，似乎与扩散、消失的原则相悖。

刚打开瓶口时，高浓度的乙醚相当于接近神的高级生物，随着时间的流逝，神留下子孙，乙醚的成分越来越稀薄，最终变成了像阿米巴虫那样的低级生物，最后全部消亡，这才是符合自然规律的现象。

不过还可以这样想：假设新生儿小小的身体里拥有蕴含着巨大能量的落差。随着落差产生的能量渐渐消耗，人类开始老化，等到能量即将用尽时，体内不再有落差，人最终走向死亡。

这就是热力学定律"熵增定律"，意思是热量会从高到低流动，绝对不会逆行，最终温度差消失，达到热寂状态。

但是如果人类只会走向灭亡，那我们应该早就不存在了，而正是因为生物都具有繁殖能力，所以我们能够在能量完全消失前完成具有戏剧性的结合，创造出具有新特征的细胞。于是诞生出虽然身体弱小，但体内拥有巨大能量落差的新生儿，然后新生儿逐渐长大，最终体内的能量再次达到平衡，走向死亡。

所以繁殖是一种逆转了普遍的熵增定律的现象。如果进行逆转的繁殖行为只有痛苦，完全不具备魅力的话，那该种族必然会灭亡。于是生物必须被创造成渴望繁殖的状态，恐怕这就是繁殖行为的魅力吧。

由于人类比其他动物稍微聪明一些，所以想到了剔除繁殖行为中的繁殖要素，只享受乐趣的方式，从某种意义上来说，这或许是对自然的亵渎。然而如果不出现这样的逆转现象，一味遵从热力学定律的话，人类恐怕早就灭绝了。

障碍会产生"融合的能量"

让我们来思考一下人类的"文明进化"。"自然进化"受到环境的支配，能适应自然的生物留下，不适应自然的生物灭亡，自然进化完全将进化交给自然选择。

与之相对，"文明进化"会利用自身文明来调节和利用自然环境，创造生存下去的方式。

人类从生火开始，逐渐学会制造工具、缝制衣物、建造房子，以此来保证适合人类居住的温度，保存水和食物。也就是说，人类是第一种凭借自己的力量，创造出适合自己生存的环境的地球生物，是非常独特的物种。

因此在繁殖方面同样如此，排除可能会对自己有害的部分，只取其精华，同样是人类独有的思考方法。

人类将繁殖和相关行为分离，甚至将其中的一部分打造成了"艺术"。

我认为艺术都是追求能量、追求落差、需要剧烈燃烧的事物。落差就是矛盾，因此其中会自然而然地产生各种各样的精神纠葛。

既然如此，其实繁殖行为演变为艺术的同时，又是一件非常世俗的事情，有抛弃、有背叛，恋爱甚至常常会发展成动刀动枪的伤害事件。人类总是在面对这样的危险。

艺术需要巨大的能量。能量越大，能量落差越大。当落差中蕴含的动能达到最高点时，就变成了悲剧，或者说多半蕴藏着悲剧的可能性。

我对于伽利略、开普勒、牛顿等伟大的数学家纷纷出现在文艺复兴后期的事实非常感兴趣。为什么在那段历史时期会出现那样的数学理论呢？我的想法是，因为有"文艺复兴"这种"融合的能量"。

另外，刚才我以装有乙醚的瓶子为例，当瓶口有障碍物时，乙醚在流动的过程中会形成旋涡。旋涡会产生新的创造能量，而人类的大脑在刺激下会受到影响，于是不断创造出新概念。

在此之前，日本幸运地克服了各种难题，其实如果我们遇到更强的风，并被卷入其中的话，或许能够促进未来的进步与发展。

想让担负着未来的孩子们茁壮成长，就要让他们面对较大的矛盾、冲撞、争吵、摩擦、挫折和失败。只有在瓶口撞到障碍物时，能量才足够剧烈，能够卷起旋涡，学会燃烧自己，获得真正充实的人生，获得成长。

而且，成年人不能把瓶口的障碍物当成单纯的障碍来排除。更灵活的思考方法，才是真正意义上的"可变思考"。

版 权 声 明